SHANGHAI UNIVERSITY

上海大学

BACK TO
SHANGHAI
UNIVERSITY
上海大學
1922-1927

溯园

morning

愿每一天的早晨都是新的开始

彩虹字

光盘盘面

公益广告

普通高等院校计算机基础教育『十四五』系列教材

数字媒体基础实践教程

张军英　高洪皓　佘　俊◎主编

中国铁道出版社有限公司
CHINA RAILWAY PUBLISHING HOUSE CO., LTD.

内 容 简 介

本书结合数字媒体技术发展的现状、全国计算机等级考试（一级）大纲和上海市高校信息技术水平考试（一级）大纲编写，全书分为两部分。第一部分是实验，分为5章，主要包括音频处理、视频处理、数字图像处理、平面动画制作等内容，介绍流行的媒体处理软件Audition、Premiere、剪映、Photoshop、Animate等的使用。第二部分是练习题。参考答案以二维码形式体现。

本书根据不同知识模块特点循序渐进地引导学生掌握与数字媒体技术相关的基础实践技能，所选实验具有较强的操作性和实践性。

本书适合作为普通高等院校数字媒体相关课程的教材，也可作为普通高等院校学生参加信息技术等级考试的指导教材，还可作为数字媒体技术爱好者的参考书。

图书在版编目（CIP）数据

数字媒体基础实践教程/张军英，高洪皓，佘俊主编.—北京：中国铁道出版社有限公司，2024.3

普通高等院校计算机基础教育“十四五”系列教材

ISBN 978-7-113-30916-9

Ⅰ.①数…　Ⅱ.①张…　②高…　③佘…　Ⅲ.①数字技术-多媒体技术-高等学校-教材　Ⅳ.①TP37

中国国家版本馆CIP数据核字（2024）第017014号

书　　名：数字媒体基础实践教程
作　　者：张军英　高洪皓　佘　俊

策　　划：曹莉群　　**编辑部电话：**（010）63549501
责任编辑：贾　星　曹莉群
封面设计：尚明龙
责任校对：刘　畅
责任印制：樊启鹏

出版发行：中国铁道出版社有限公司（100054，北京市西城区右安门西街8号）
网　　址：http://www.tdpress.com/51eds/
印　　刷：北京盛通印刷股份有限公司
版　　次：2024年3月第1版　2024年3月第1次印刷
开　　本：787 mm×1 092 mm　1/16　**印张：**12.25　**字数：**310千
书　　号：ISBN 978-7-113-30916-9
定　　价：46.00元

前　言

数字媒体技术是当今计算机科学技术领域的热点技术之一。数字媒体技术应用已经渗透到人们学习、工作和生活的各个领域，如多媒体教学、影视娱乐、广告宣传、数字出版、建筑工艺等。数字媒体技术使计算机具有综合处理文字、声音、图形、图像、视频和动画信息的能力，改善了人机交互界面，改变了人们使用计算机的方式。多媒体数据的采集、编辑和发布等已不再是一种专业技术，而是逐渐成为普通大众参与社会工作生活的基本手段和技能。因此，掌握数字媒体常规应用技能将成为现代人的基本文化素养。

党的二十大报告提出“加强教材建设和管理”，这就需要高质量的教材来促进多媒体教学的发展。本书结合数字媒体技术发展的现状，依托全国计算机等级考试（一级）大纲和上海市高校信息技术水平考试（一级）大纲，由上海大学计算机学院计算机基础教学中心多位一线教师联合编写，全书包含了Audition、Premiere、剪映、Photoshop、Animate等当前流行的多媒体工具软件使用的基础实例，同时提供了拓展学习的综合实例，旨在帮助学生深入了解数字媒体领域基础知识并掌握相关软件的实践操作。

通过本书的学习，学生可以了解目前业界内流行的、相对比较完整的数字媒体知识体系、基础理论知识，掌握常用的数字媒体软件的使用方法，在此基础上可以较独立地完成一些数字媒体作品。

本书主要特色如下：

1. 内容与时俱进。本书覆盖了数字媒体领域内流行且实用的软件工具，较新的数字媒体基础理论知识，除剪映视频编辑软件采用了专业版2023以外，其余软件均采用了2024等最新版本。

2. 理论与实践并重。每个实验都有“相关知识点”模块，能加深学生对相关多媒体知识的理解；实践内容包含基础实例和综合实例，注重技术层面的操作，每个软件的实例安排由浅入深，循序渐进，使学生能渐进地掌握各软件的使用方法，在生活中创造性地开展应用，解决实际问题。

3. 配套资源丰富。本书提供配套的教案、PPT、案例资源及项目所涉及的代码等电子资源，可以到中国铁道出版社有限公司教育资源数字化平台（http://www.tdpress.com/51eds/）下载。

本书由张军英、高洪皓、佘俊任主编，赵芳和孙研参与编写。高珏、陶媛、王文、钟宝燕、马骄阳、邹启明、朱宏飞等老师对本书的内容提出了很多宝贵意见。

最后，要感谢所有为本书编写和出版付出辛勤劳动的同仁。

由于编者水平有限，书中不妥之处在所难免，恳请各位读者批评指正。

编　者

2023 年冬于上海

目 录

第一部分 实 验

第二部分 练 习 题

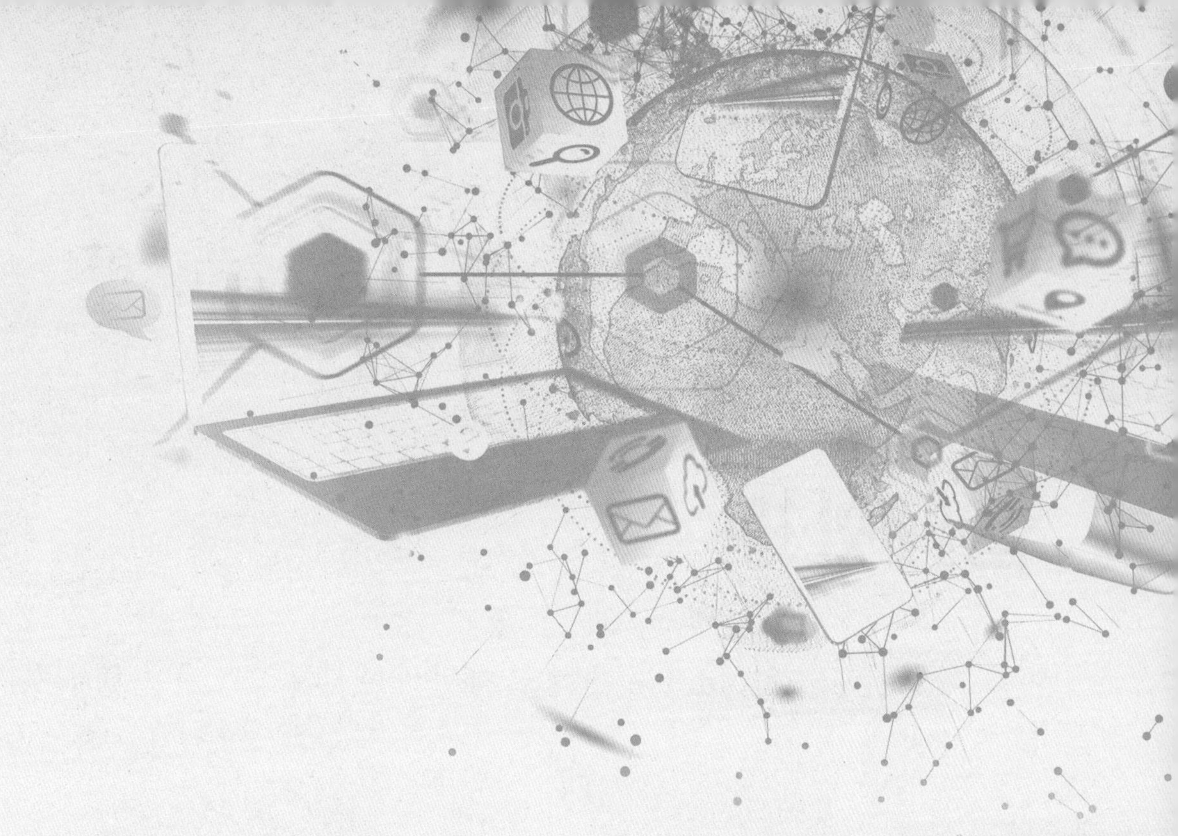

第一部分

实　验

第 1 章 音频处理

实验 1 Audition 2024 音频处理软件（一）——基本操作

视频

Au基本操作

一、实验目的

- 通过录音练习熟悉Audition 2024的基本操作。
- 掌握人声的基本处理方法。

二、相关知识点

（1）录音：录音是音频处理软件的基本功能，支持对16 bit/96 kHz高精度声音的录音，可同时对所有的128条轨道进行录音。也可以导入视频文件，对视频进行同步配音。

（2）降噪：降噪是Audition软件功能中公认的一个非常强大的功能。在利用Audition软件进行录音的过程中，由于多种原因可能会造成环境噪声。利用Audition软件中的降噪功能，可以在不影响音质的情况下，最大程度地把噪声从声音中去除。其中对人声的降噪，包括消除齿音、喷麦、口水音等。

三、实验内容

录制一段诗朗诵并做后期处理。

四、实验要点

- 使用Audition 2024录制一段诗朗诵。
- 对录制的音频文件进行降噪处理。
- 保存音频文件为WAV格式。

五、实验步骤

1. 录音前的准备

在录音前先要对音频硬件进行简单的设置。使用麦克风录制声音时，可以增强麦克风的录音属性，使录制的声音更大一点。

> 注意：
> 实验中请戴好耳机，以免影响他人。

①右击Windows任务栏右侧的音量图标，选择“声音设置”选项，打开声音设置对话框。单击“麦克风”，查看麦克风的属性和配置，如图1-1所示。

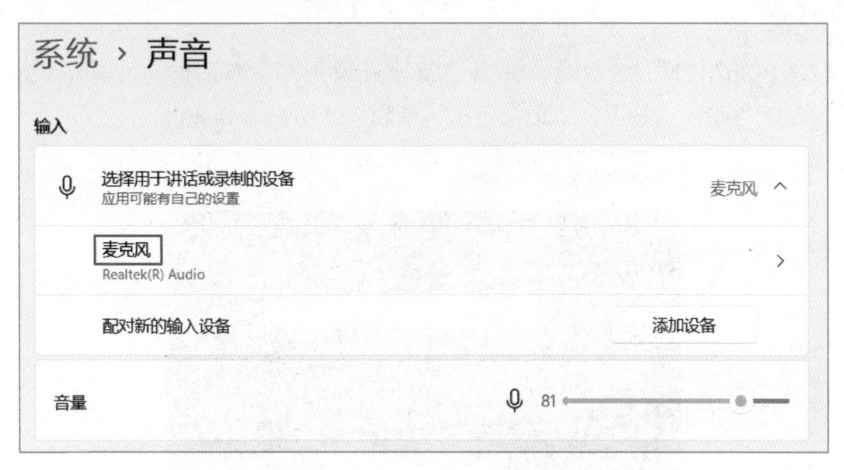

图 1-1 麦克风配置和属性

②将“输入音量”右方的滑块向右拖至最大即可，如图1-2所示。

图 1-2 向右拖动滑块

③关闭所有的对话框，完成对麦克风的设置。

2. 录音

在Audition 2024中，可以使用单轨音频编辑器，对单个音乐文件进行独立的录音操作。

注意：

录音开始后，可以先录制小段空白环境噪声，时间长度不少于0.5 s，以便后期做降噪处理。

①按【Ctrl+Shift+N】组合键，弹出“新建音频文件”对话框，在其中设置采样率为4 8000 Hz，单击“确定”按钮，如图1-3所示，新建一个空白音频文件。

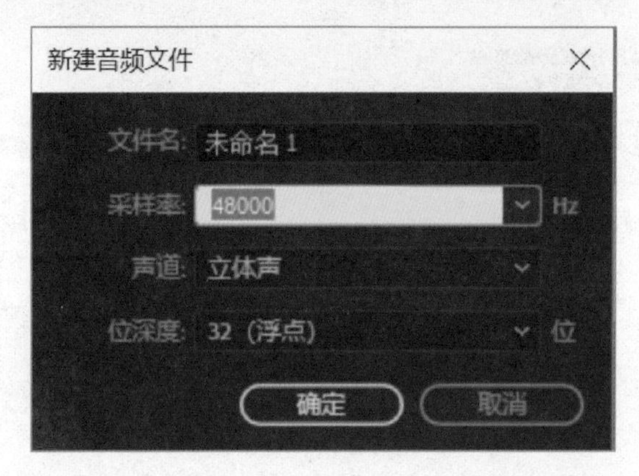

图 1-3 新建音频文件

②在“编辑器”窗口的下方单击“录制”按钮。

③使用麦克风录制音频。在录音过程中，“编辑器”窗口将会显示录制的声音波形，待录音完成之后，单击“停止”按钮，完成录制操作，如图1-4所示。将录制的声音保存备用。

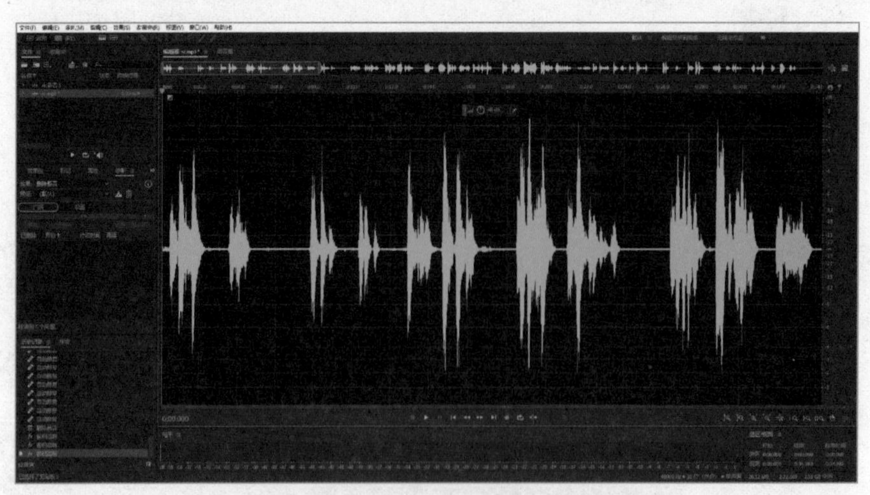

图 1-4 录制完成的声音波形

3. 降噪

①在单轨音频编辑模式中，放大波形，选择刚录制的空白环境噪声。

②执行“效果”|“降噪/恢复”|“捕捉噪声样本”命令，选择噪声样本。

③执行“效果”|“降噪/恢复”|“降噪（处理）”命令，打开“效果-降噪”对话框，如图1-5所示。

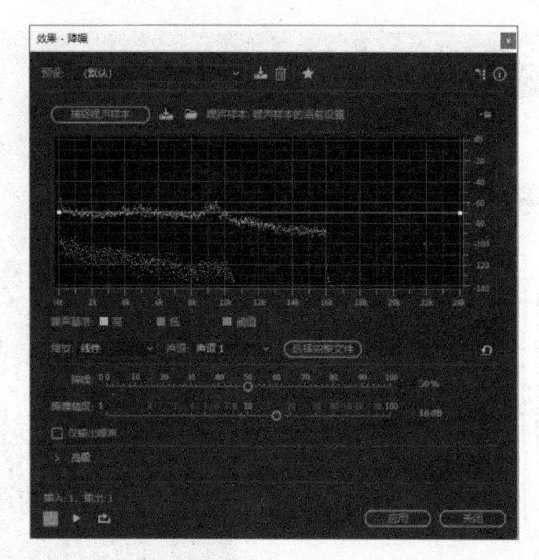

图 1-5　降噪处理

④单击“选择完整文件”→“应用”按钮，实现对整个音频文件的降噪处理。也可以通过调整“降噪”和“降噪幅度”参数实现降噪操作。

4. 消除齿音

降噪处理结束，执行“效果”|“振幅与压限”|“消除齿音”命令，打开“效果-消除齿音”对话框，如图1-6所示。在“预设”列表框，选择要消除的齿音类型。在下方设置相应的阈值参数，单击“应用”按钮，实现消除齿音的操作。

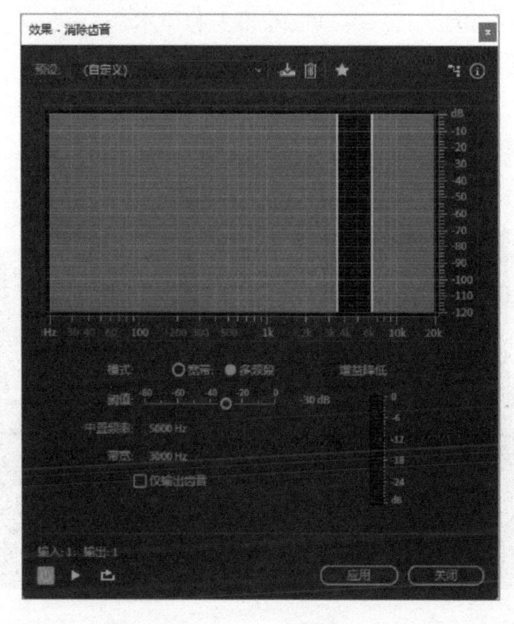

图 1-6　消除齿音

5. 消除清嗓音

通过试听播放，找到并选中音频文件中的清嗓音，右击，在弹出的快捷菜单中选择“删除”命令，如图1-7所示。

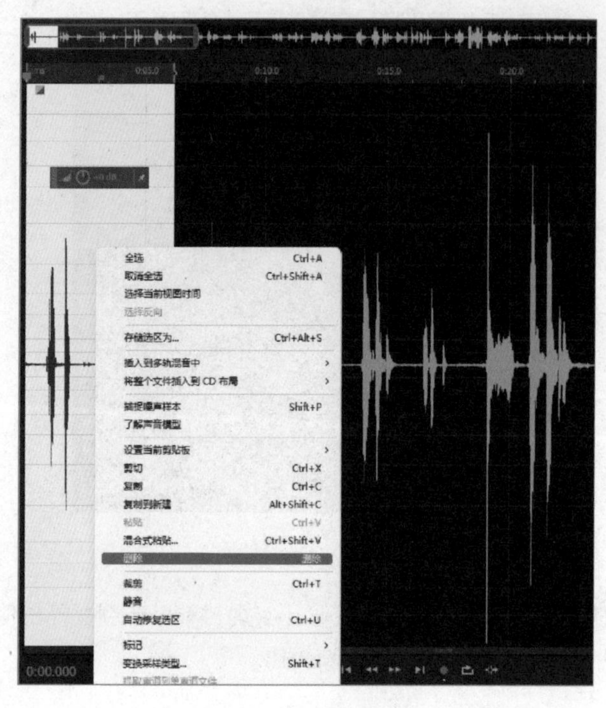

图 1-7 清除清嗓音

6. 消除喷麦和口水音

在录音中，换气或吞咽口水可能会产生喷麦或口水音，这些也可能会被录入至音频，如图1-8所示。利用污点修复画笔工具，可以去除喷麦和口水音。

①在单轨音频编辑模式下，单击音频频率显示器。

②利用时间选择工具，选中喷麦或口水音的位置，调整此处音频振幅。

③单击污点修复画笔工具，在对应频谱中涂抹掉红色的线形区域，完成修复，效果如图1-9所示。

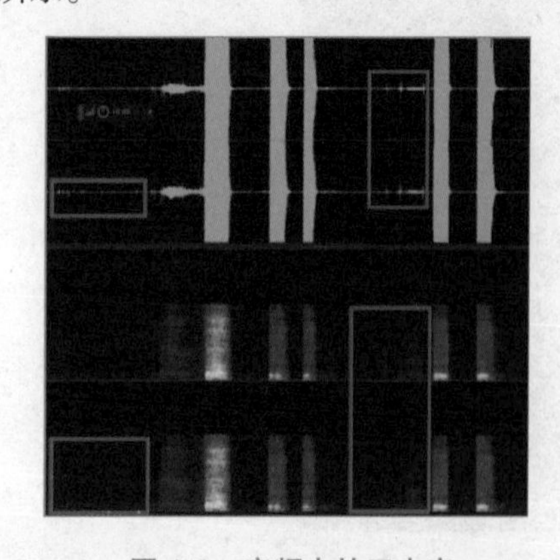

图 1-8 音频中的口水音

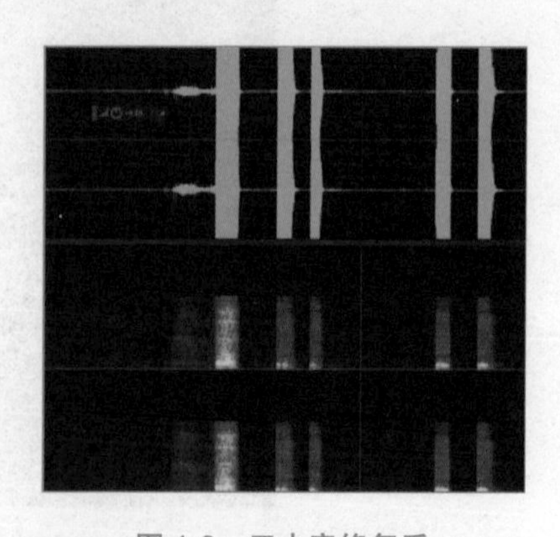

图 1-9 口水音修复后

7. 添加卷积混响特效

为音频文件添加“教室”的卷积混响特效，具体操作步骤如下：

①执行“效果”|“混响”|“卷积混响”命令，如图1-10所示。

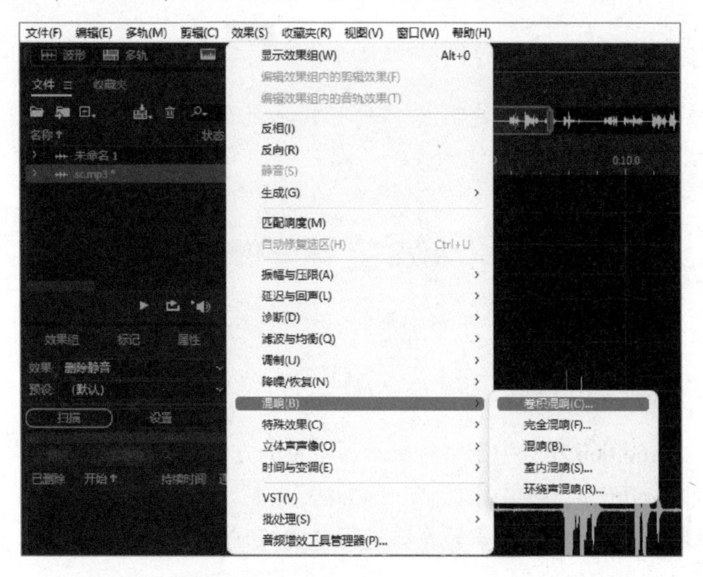

图 1-10 执行“卷积混响”命令

②在弹出的对话框中，更改“脉冲”为“教室”，单击“应用”按钮实现参数设置，如图1-11所示。

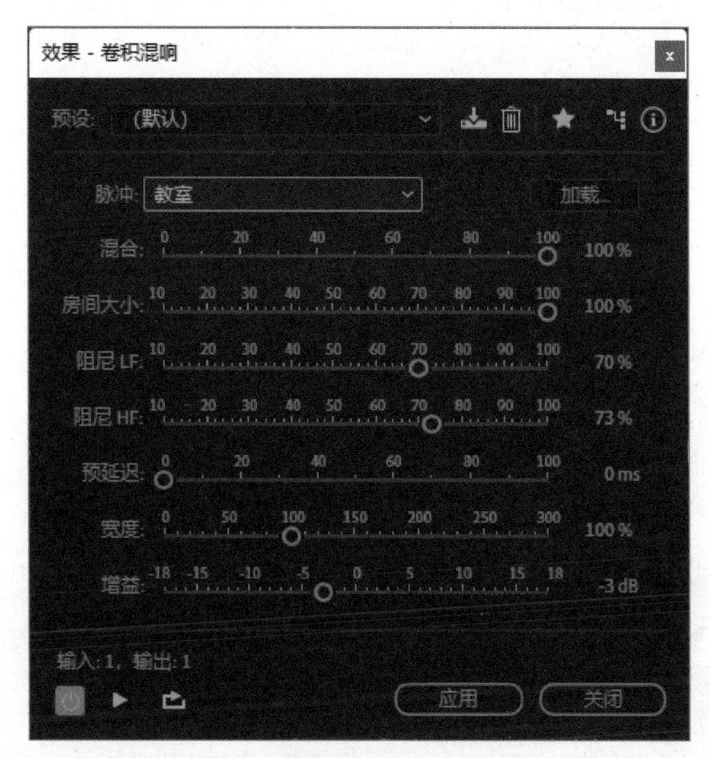

图 1-11 卷积混响对话框参数设置

8. 保存文件

执行“文件”|“保存”命令，将制作好的音频文件以WAV格式保存到指定文件夹中，命名为“aud1.wav”。

六、思考题

（1）在录制声音的过程中，怎样操作更有利于消除环境噪声？

（2）在降噪过程中，如何采样噪声？

实验2 Audition 2024音频处理软件（二）——综合实例

视频

Au综合实例

一、实验目的

- 掌握Audition 2024中调整音频素材音量的方法。
- 掌握Audition 2024中添加音轨的方法。
- 掌握Audition 2024中多轨音频进行合成的方法。

二、相关知识点

（1）混音：Audition 2024是一款多音轨数字音频处理软件，它可以将128条音轨的声音混合在一起，同时输出混合后的声音。

（2）淡入/淡出：淡入，就是在音频开始部分，设置音量由无声逐渐过渡到正常；淡出，就是在音频结尾部分，设置音量由正常逐渐过渡到无声。在Audition 2024中，这个过渡的效果由淡入/淡出曲线来控制，曲线的形状不同就会产生不同的过渡效果。

三、实验内容

制作配乐诗朗诵。从CD中摘录音乐文件或从网络上搜寻自己喜欢的歌曲作为伴奏乐曲，对实验1中制作好的诗歌朗诵音频配置背景音乐，混音输出。

四、实验要点

- 从CD中摘录音乐文件或从网络上搜寻自己喜欢的歌曲作为伴奏乐曲。
- 配合诗朗诵音频的长度截取合适的伴奏乐曲长度并设置淡入/淡出效果。
- 将诗朗诵音频与伴奏乐曲做多轨合成，混音输出为WAV格式文件。

五、实验步骤

实验所用的素材存放在“实验\素材\实验2”文件夹中。

1. 将实验1处理好的音频文件插入到多音轨编辑界面的轨道1中。

①执行“编辑”|“插入”|“到多轨会话中”|“新建多轨会话”命令，如图2-1所示。

②在弹出的“新建多轨会话”对话框中，将“会话名称”设置为“aud2”，保存至“D:”文件夹，如图2-2所示。

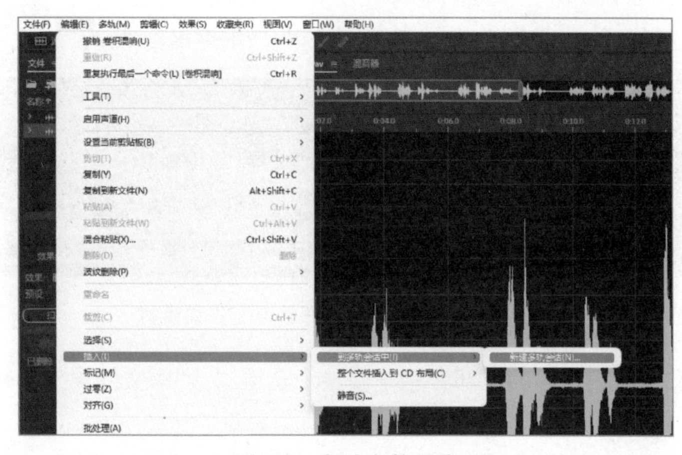

图 2-1　新建多轨混音

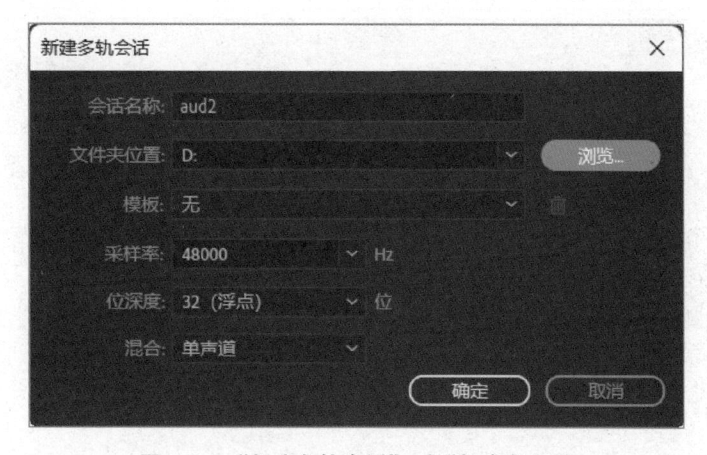

图 2-2　“新建多轨会话”对话框参数设置

2．在多音轨编辑界面的轨道2上，导入音频“bj.mp3”，作为“aud1.wav”的背景配乐。

①在轨道2上右击选择“插入”|“文件”命令，如图2-3所示，选择相应的素材文件导入。

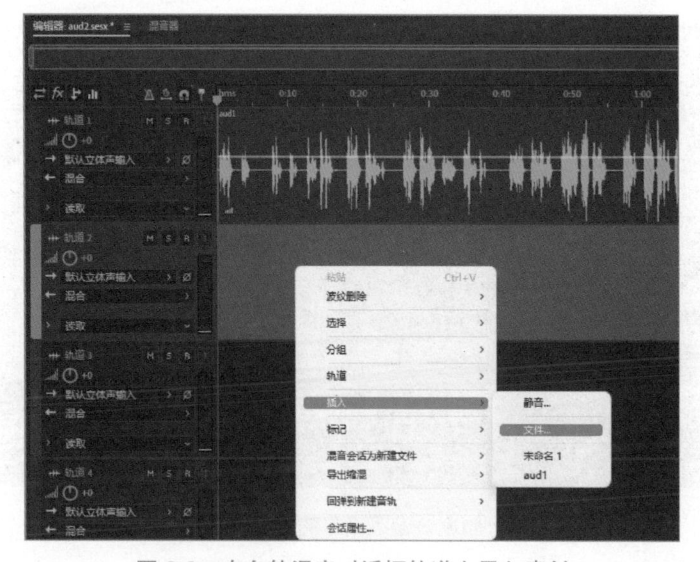

图 2-3　在多轨混音对话框轨道上导入素材

②在轨道2上拖动音频“bj.mp3”，将其移到轨道2的最前方，如图2-4所示。

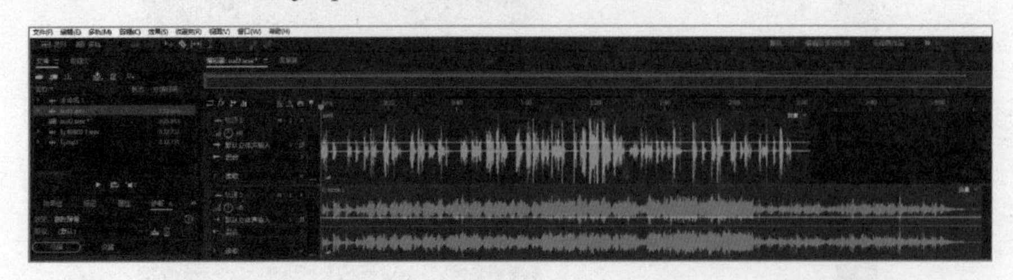

图 2-4 在多轨混音对话框轨道上移动素材

3．删除轨道2上音频文件的尾部音频，使整个轨道2的音频文件长度与轨道1的音频文件长度一致。

①将播放时间轴放至轨道1的最后，记住左下角的时长，如图2-5所示。

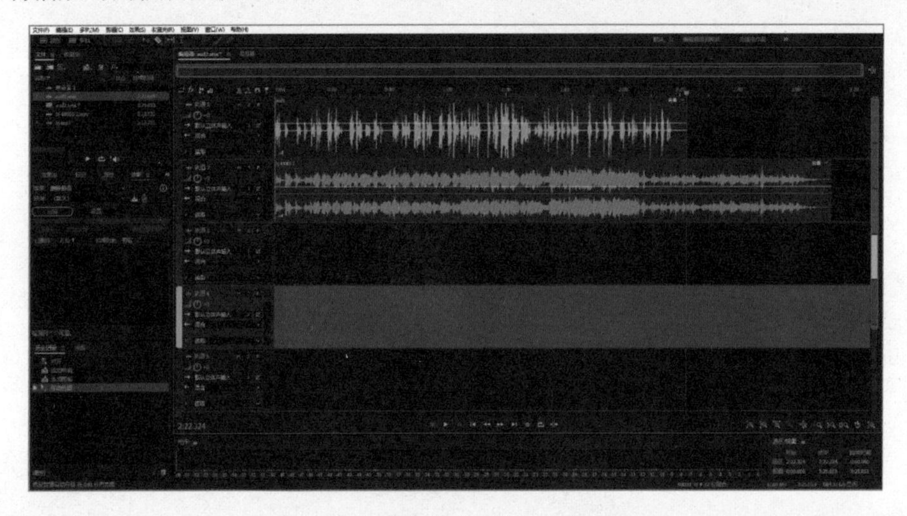

图 2-5　查看轨道 1 音频文件的长度

②双击轨道2上的音频文件“bj.mp3”，进入单轨音频编辑器，如图2-6所示。

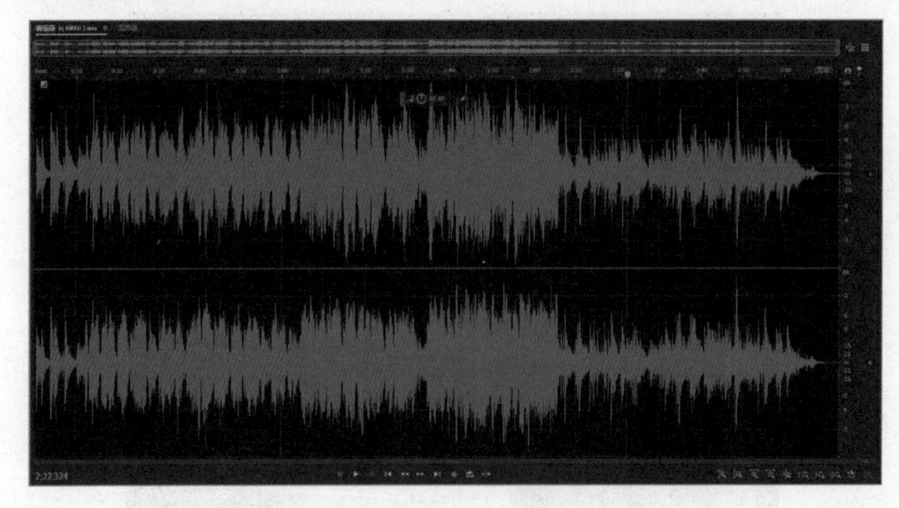

图 2-6　轨道 2 音频文件的单轨编辑器窗口

③选中尾部的一段音频，右击删除多余部分的音频片段，缩短整个背景音乐的长度，如图2-7所示。

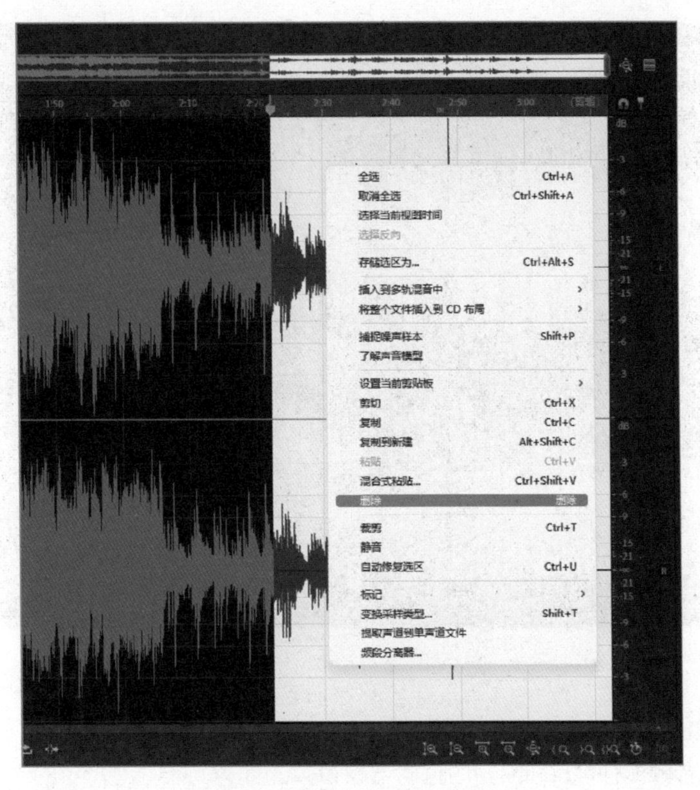

图 2-7　删除尾部多余的音频片段

4．对背景音频文件“bj.mp3”的开始部分做淡入处理，对其结尾部分做淡出处理。

①拖动左上角的“淡入”正方形按钮，制作音频文件开始部分的淡入效果，如图2-8所示。

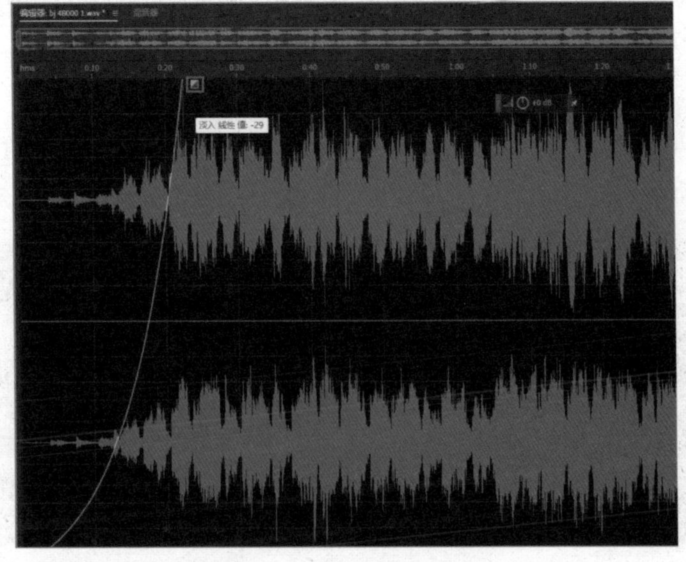

图 2-8　音频文件淡入处理

②拖动右上角的“淡出”正方形按钮，制作音频文件结尾部分的淡出效果，如图2-9所示。

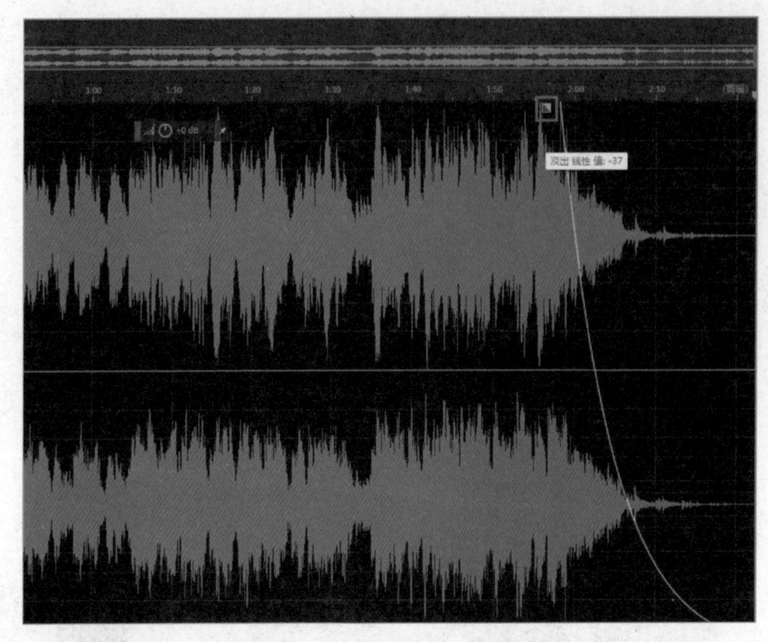

图 2-9　音频文件淡出处理

5. 返回至多轨混音窗口。

①关闭背景音频文件“bj.mp3”的编辑器窗口。

②单击软件界面功能中的“多轨”按钮，返回多轨编辑器窗口，如图2-10所示。

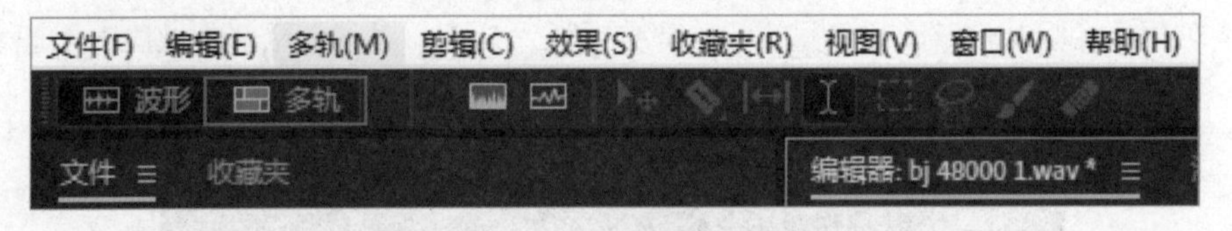

图 2-10　多轨混音编辑器切换按钮

6. 将轨道2上的文件长度缩短至与轨道1的音频文件长度一致。

将指针放至轨道2上的音频文件的结尾处，向左拖动，使其长度与轨道1的音频文件长度一致，如图2-11所示。

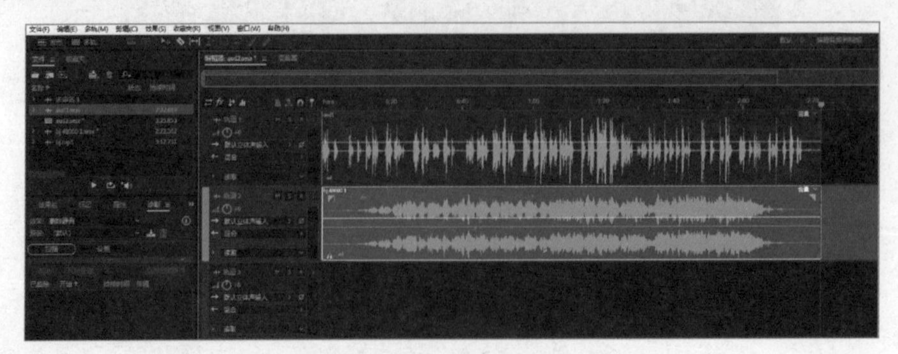

图 2-11　拖动轨道 2 上的音频文件长度

7．降低轨道2上的背景伴奏音乐音量，将其调整为-20db，使录音和背景音乐更加融合。在轨道2上的音量调节值中输入“-20”降低背景音乐的音量，如图2-12所示。

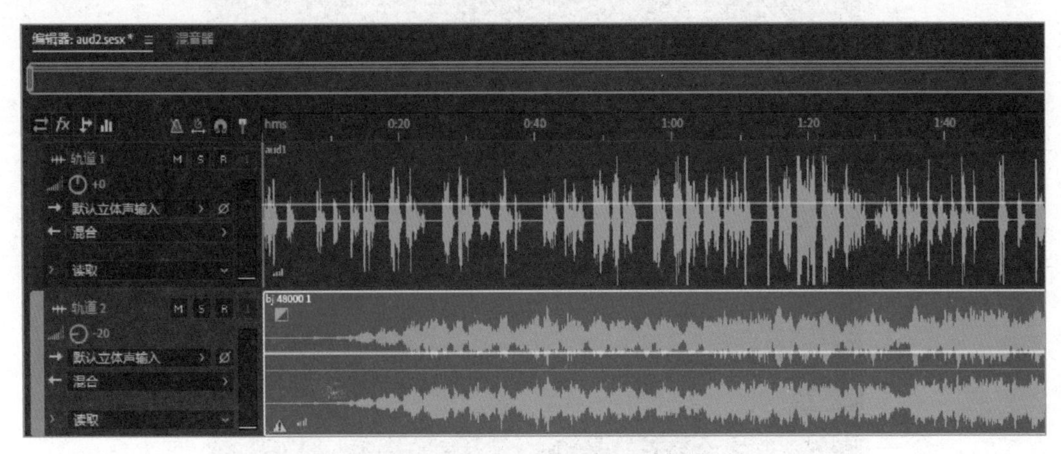

图 2-12 降低背景音乐轨道的音量

8．混缩音频输出，将多轨混音以WAV格式保存至指定文件夹中，命名为“aud2_缩混.wav”。

①执行“文件”|“导出”|“多轨混音”|“整个会话”命令，如图2-13所示。

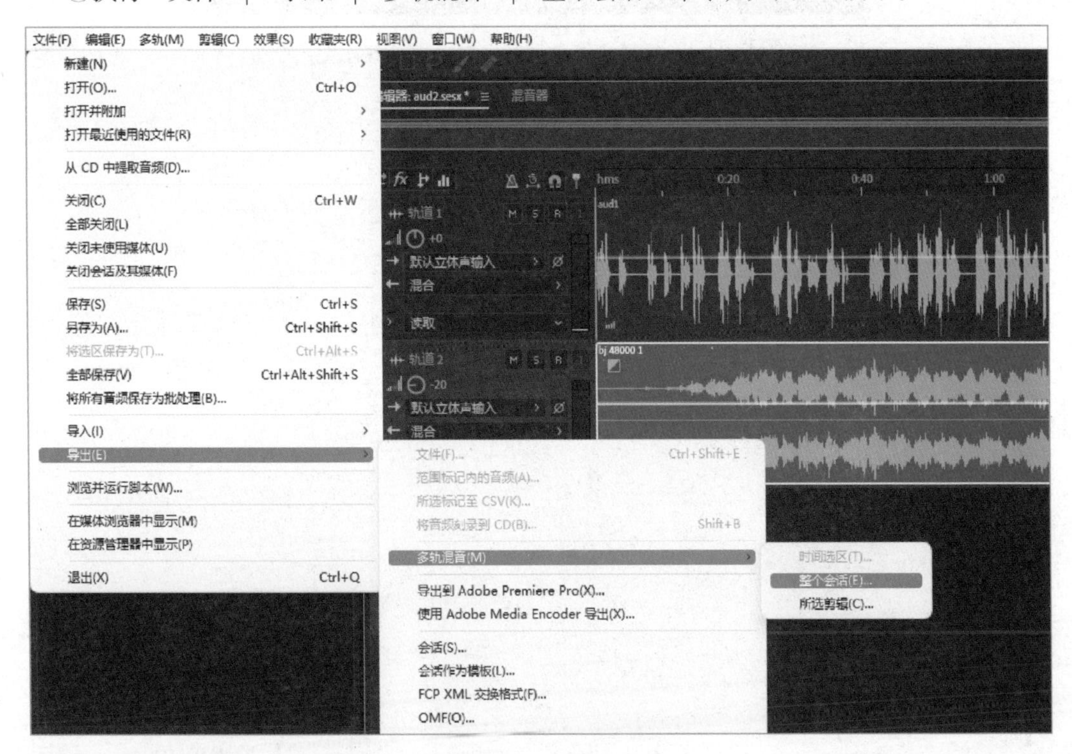

图 2-13 导出混音

②在弹出的“导出多轨混音”对话框中修改“文件名”“位置”“格式”参数，如图2-14所示。

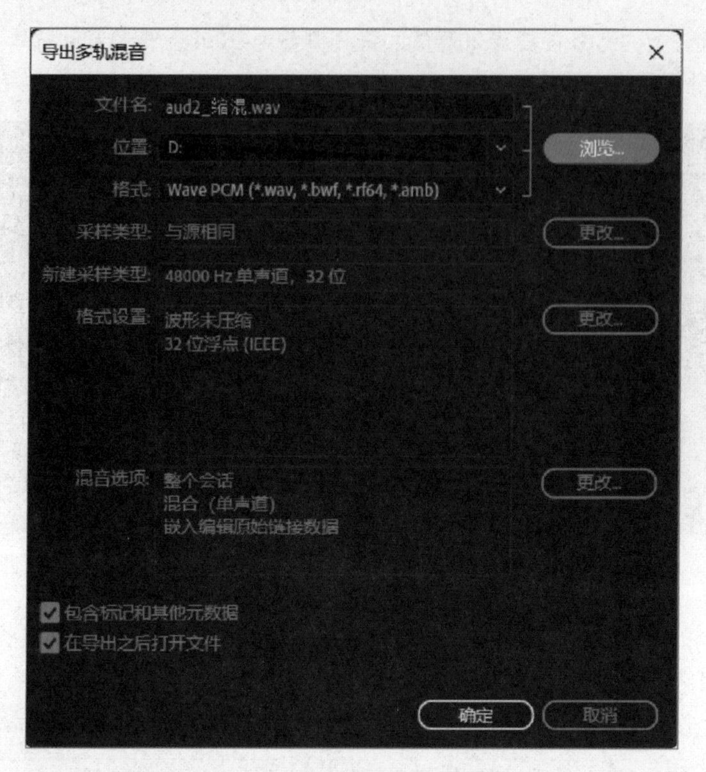

图 2-14 “导出多轨混音”对话框参数设置

六、思考题

（1）使用什么命令可以完成多轨编辑模式中多个音频文件的混缩输出？

（2）在 Audition 2024 中，如何调节淡入 / 淡出曲线实现淡入 / 淡出效果？

第2章 视频处理（一）

实验3 Premiere Pro 视频处理基础（一）——视频过渡

视频

Pr视频过渡

一、实验目的

- 熟悉Premiere Pro的工作界面。
- 掌握Premiere Pro的基本操作。
- 掌握Premiere Pro中视频过渡的制作方法。

二、相关知识点

（1）视频过渡是指一段视频或图像素材转场到另一个素材时产生的过渡效果。

（2）不同的视频过渡效果均可通过进一步设置参数实现。

三、实验内容

利用视频过渡制作风景欣赏片段。

四、实验要点

- 在Premiere Pro中导入素材。
- 调整素材的播放速度和持续时间。
- 在素材之间添加不同的视频过渡效果，并根据需要对过渡效果做具体参数设定。
- 以指定格式导出视频文件到指定文件夹中。

五、实验步骤

实验所用的素材存放在“实验\素材\实验3”文件夹中。实验样张存放在“实验\样张\实验3”文件夹中。

1. 创建新项目

①运行Premiere Pro软件，在弹出的“主页”界面中单击“新建项目”按钮，如图3-1所示。

图 3-1　“主页”界面

②在打开的“新建项目”界面，设置新建项目的文件名和位置等参数，如图3-2所示。

图 3-2　“新建项目”对话框

③单击“创建”按钮，进入Premiere Pro默认的“学习”工作界面，如图3-3所示。

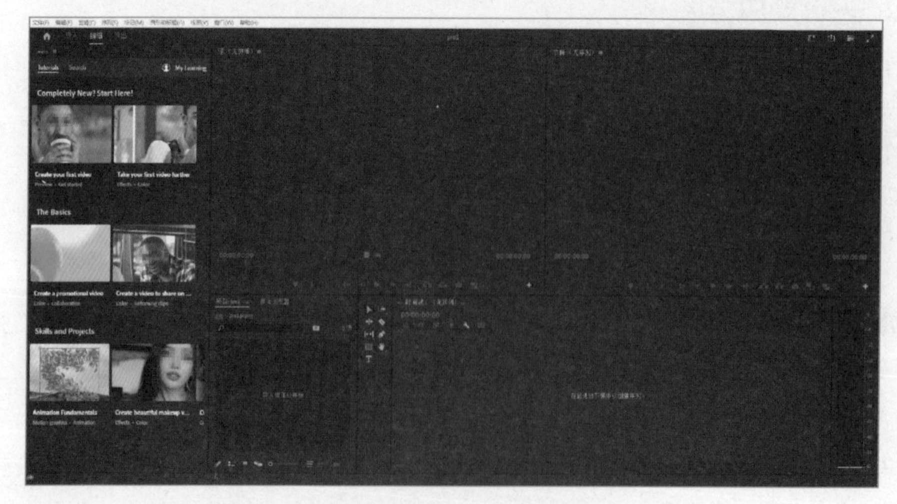

图 3-3　Premiere Pro 默认界面

④执行“文件”|“新建”|“序列”命令，打开“新建序列”对话框，如图3-4所示。在“序列预设”选项卡中，选择“DV-PAL→标准48 kHz”选项。单击“确定”按钮，新建一个序列。选择界面上方的“编辑”选项卡，将工作界面切换到“编辑”界面，如图3-5所示。

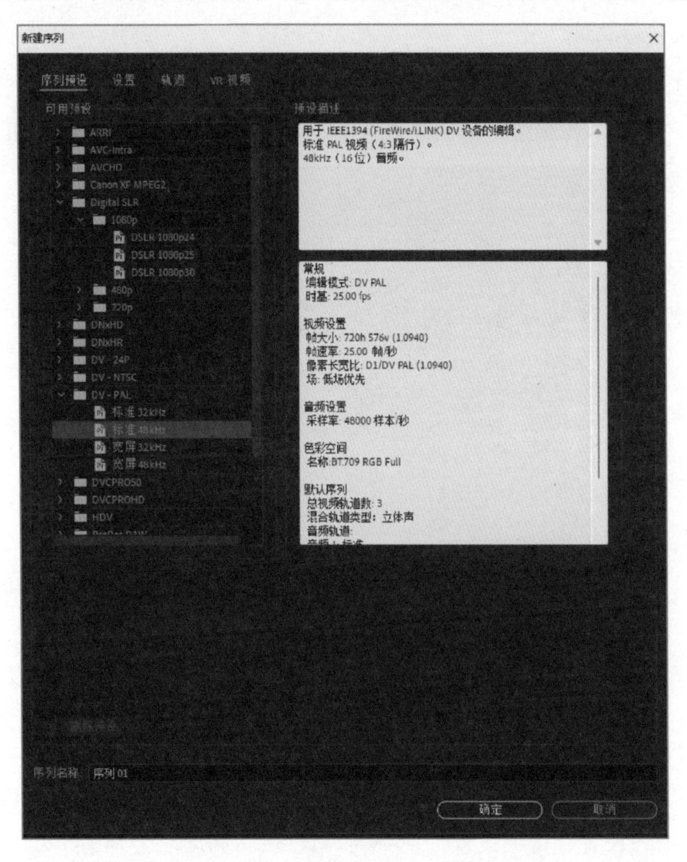

图 3-4 “新建序列”对话框

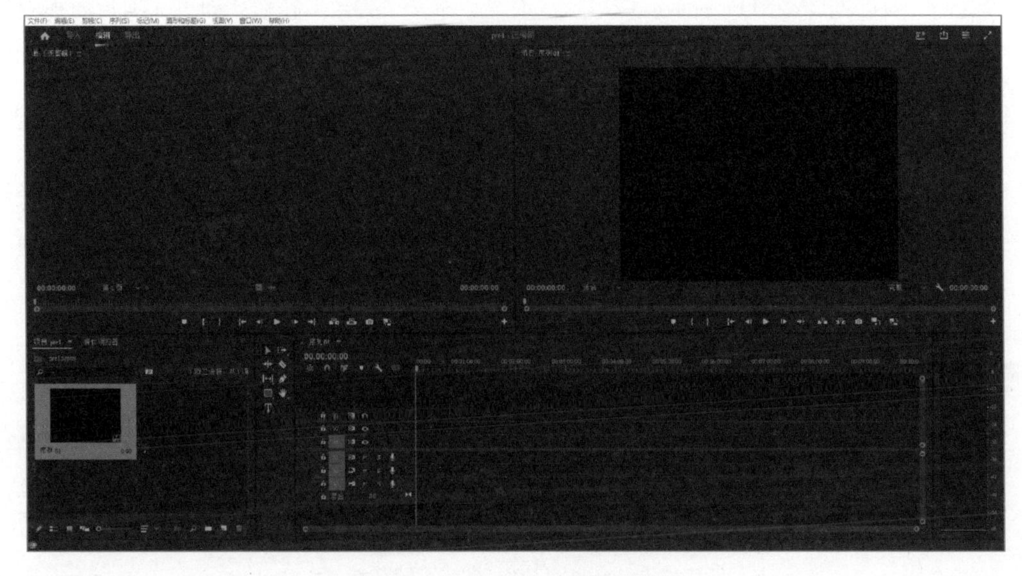

图 3-5 Premiere“编辑”界面

2. 导入素材

执行“文件”|“导入”命令，在打开的“导入”对话框内选择素材文件夹内的“su1.jpg~su5.jpg”等文件，将文件导入到项目面板中。

3. 修改导入素材名称

在项目面板中右击“su1.jpg”素材，在打开的快捷菜单中选择“重命名”命令，修改素材名称为“su1”，重复上述操作，依次修改“su2.jpg~su5.jpg”素材，结果如图3-6所示。

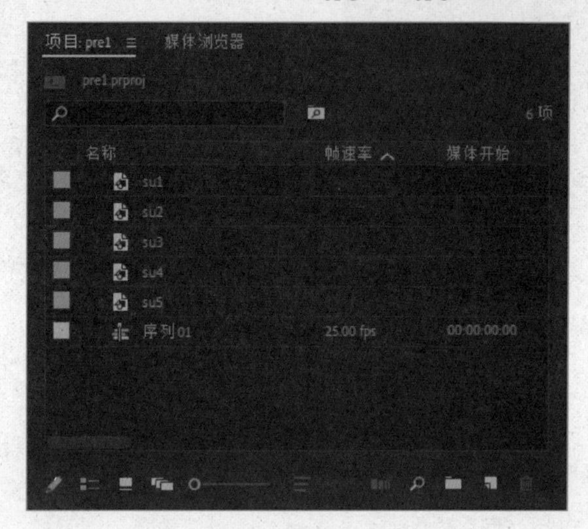

图 3-6 项目面板

4. 制作倒计时片头

执行“文件”|“新建”|“通用倒计时片头”命令，在打开的“新建通用倒计时片头”对话框（见图3-7）中，设置“视频设置”栏中的“宽度”“高度”分别为“720”“576”，“时基”为“25.00 fps”，“像素长宽比”为“D1/DV PAL(1.0940)”。单击“确定”按钮，打开“通用倒计时设置”对话框，如图3-8所示。使用默认设置，单击“确定”按钮，即可在项目面板中创建一段“通用倒计时片头”视频。

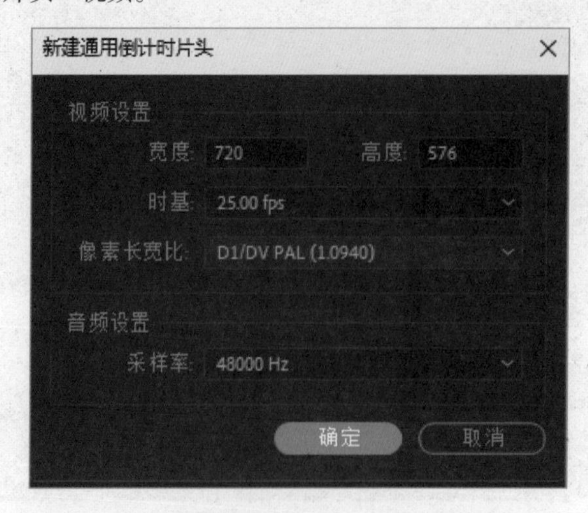

图 3-7 “新建通用倒计时片头”对话框

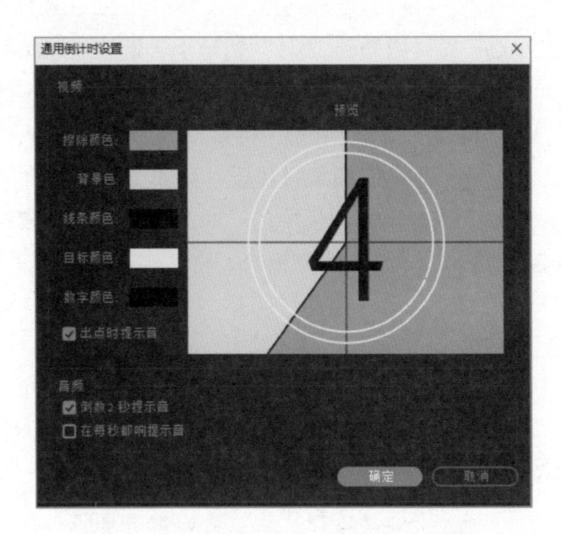

图 3-8 “通用倒计时设置”对话框

5. 剪辑整理素材

①将“通用倒计时片头”素材从项目面板拖放到时间轴面板的“V1”视频轨道上，起点在00:00:00:00帧位置处，如图3-9所示。

图 3-9 时间轴面板

②将项目面板中的“su1”素材拖放到“V1”轨道上，起点在00:00:11:00帧位置处，右击“su1”素材，执行快捷菜单中的“速度/持续时间”命令，弹出“剪辑速度/持续时间”对话框，如图3-10所示，设置“持续时间”为00:00:02:00，单击“确定”按钮，剪辑“su1”素材的长度为2 s。

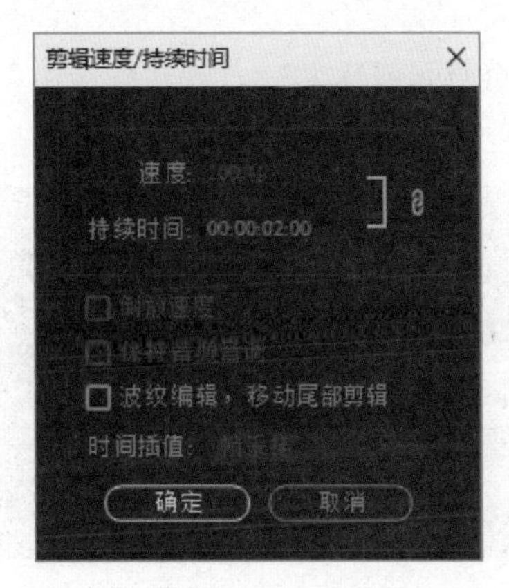

图 3-10 “剪辑速度 / 持续时间”对话框

③将项目面板中的“su2”素材拖放到“V1”轨道上，起点在00:00:13:00帧位置处，修改“当前时间码”的值为00:00:15:00，将“当前时间指示器”定位到15 s处，利用“工具面板”中的“剃刀工具”，在“V1”轨道的15 s处单击，将素材分为两段。利用“选择工具”，选择右侧分离的素材，按【Delete】键，删除右侧素材片段，剪辑“su2”素材的长度为2 s。

④按住【Ctrl】键的同时，选择项目面板中的“su3”和“su5”素材，将选中的两个素材拖放到“V1”轨道上，起点在00:00:15:00帧位置处。将“当前时间指示器”定位到17 s处，利用“工具面板”中的“选择工具”，向左拖动“su3”素材的尾部到17 s的“当前时间指示器”处，剪辑“su3”素材的长度为2 s。

⑤按【Ctrl+Z】组合键，撤销上一步操作。利用“工具面板”中的“波纹编辑工具”，向左拖动“su3”素材的尾部到17 s的“当前时间指示器”处，剪辑“su3”素材的长度为2 s。观察“选择工具”和“波纹编辑工具”操作结果之间的区别。

⑥双击项目面板中的“su4”素材，选择并在“源监视器面板”中打开该素材，如图3-11所示。单击“源监视器面板”中的“插入”按钮，将“su4”素材插入到“V1”轨道的“su3”和“su5”素材中间，起点在00:00:17:00帧位置处。

图 3-11　源监视器面板

⑦利用相关工具，修改“su4”和“su5”素材的持续时间为2 s。

⑧再次将项目面板中的“通用倒计时片头”素材拖放到“V1”轨道上，起点在00:00:21:00帧位置处。打开“剪辑速度/持续时间”对话框，勾选“倒放速度”复选框，观察视频内容的变化。执行“速度/持续时间”命令、使用“选择工具”和“剃刀工具”，分别将“通用倒计时片头”素材持续时间剪辑为3 s，观察各操作方法的效果。最终效果如图3-12所示。

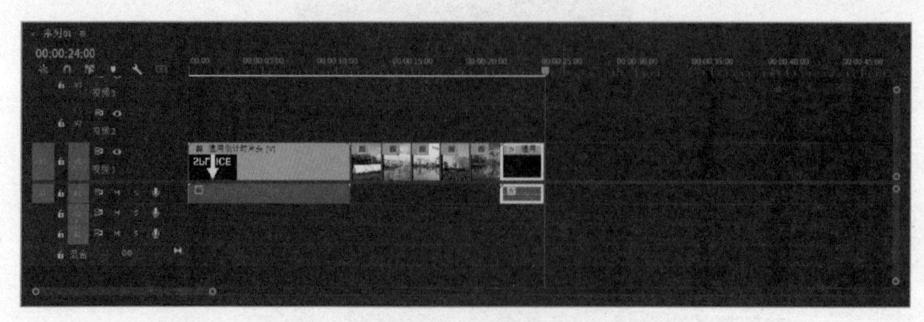

图 3-12　加入素材后的时间轴面板

6. 添加视频过渡效果

①在效果面板中，展开“视频过渡”|“溶解”选项，拖动“白场过渡”过渡效果到“V1”轨道中“通用倒计时片头”素材的结尾处，为其添加视频过渡效果，如图3-13所示。

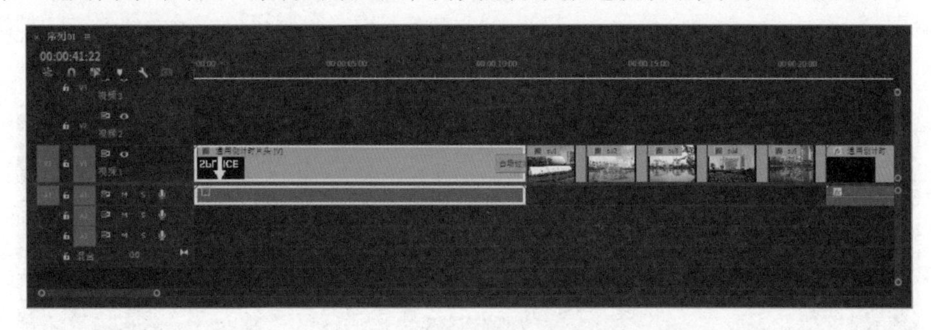

图 3-13 “V1”视频轨道界面

②在时间轴面板中，选择“白场过渡”过渡效果，打开“效果控件”面板。设置过渡效果的持续时间为3 s，如图3-14所示。

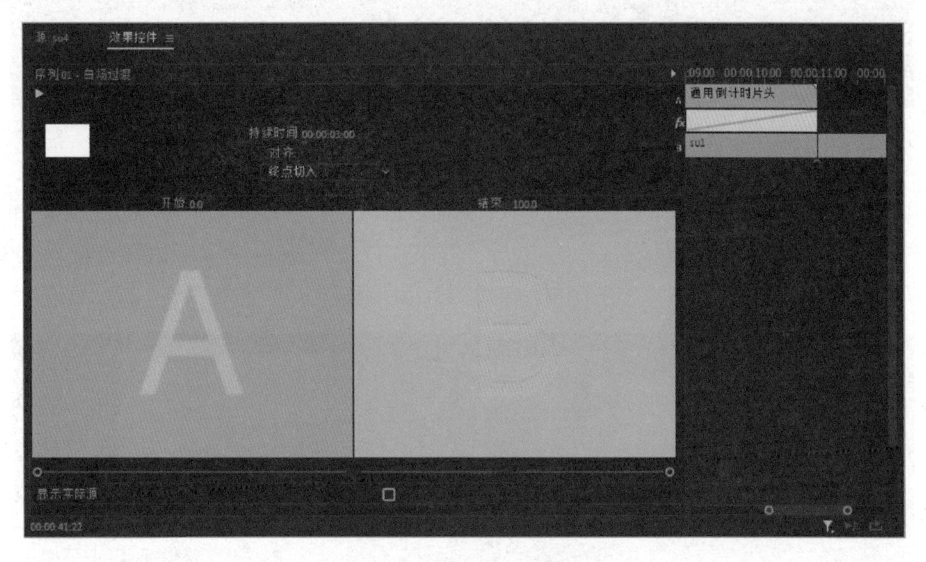

图 3-14 效果控件面板

③在效果面板中，展开“视频过渡”|“过时”选项，拖动“翻转”过渡效果到“V1”轨道中“su1”素材的尾部，为其添加视频过渡效果，如图3-15所示。

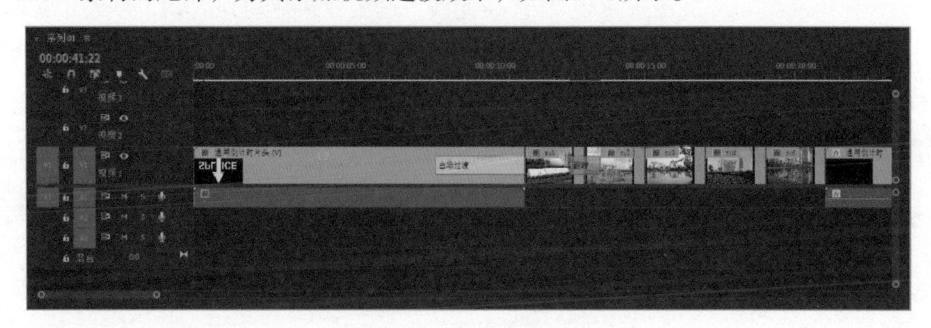

图 3-15 V1 视频轨道界面

④在时间轴面板中，选择“翻转”过渡效果，打开“效果控件”面板，勾选“显示实际源”复选框，观察实际画面效果；勾选“反向”复选框，实现反向的过渡效果；单击“自定义”按钮，弹出“翻转设置”对话框，设置“带”的数量为2；单击“填充颜色”色块，弹出“拾色器”对话框，设置颜色值为#7799A9，单击“确定”按钮，完成参数修改，如图3-16所示。

图 3-16　“效果控件”面板

⑤将“视频过渡”|“擦除”|“划出”过渡效果拖动到“V1”轨道中“su2”和“su3”素材的连接处，为其添加视频过渡效果。打开“效果控件”面板，设置“边框宽度”为3，“边框颜色”为粉色（RGB：255，150，150），如图3-17所示。

图 3-17　“划出”过渡效果

⑥将“视频过渡”|“沉浸式视频”|“VR光线”过渡效果拖动到“V1”轨道中“su3”和“su4”素材的连接处，为其添加视频过渡效果。打开“效果控件”面板，相关参数如图3-18所示。

⑦将“视频过渡”|“页面剥落”|“翻页”过渡效果拖动到“V1”轨道中“su4”和“su5”素材的连接处，为其添加视频过渡效果。

⑧将“视频过渡”|“缩放”|“交叉缩放”过渡效果拖动到“V1”轨道中第二个“通用倒计时片头”素材的首部，为其添加视频过渡效果。时间轴效果如图3-19所示。

7. 查看视频效果

单击“节目监视器”面板中的“播放-停止切换”按钮，查看整个视频效果。

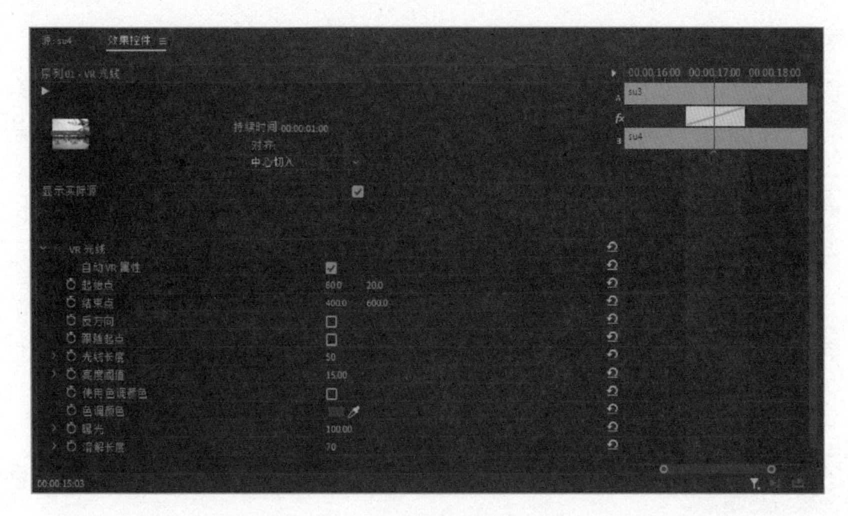

图 3-18 “VR 光线”过渡效果

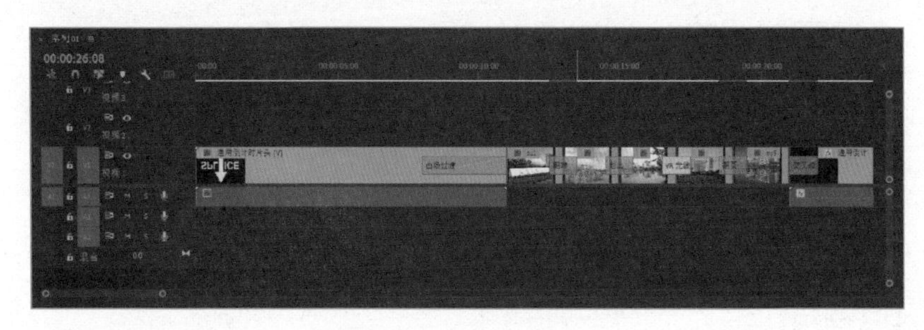

图 3-19 时间轴效果图

8. 保存文件

执行“文件”|“保存”命令，将项目文件“pre1.prproj”保存到指定文件夹中。

9. 导出视频

执行“文件”|“导出”|“媒体”命令，打开“导出设置”对话框。相关参数如图3-20所示；单击“位置”右侧，可以在弹出的“另存为”对话框中，设置输出的视频文件所保存的文件夹和文件名。单击“导出”按钮，输出视频文件“pre1.mp4”。

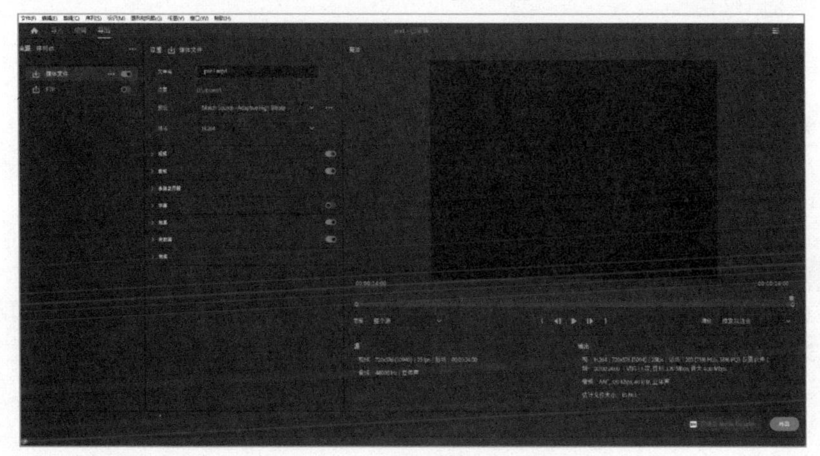

图 3-20 “导出设置”对话框

10. 最终效果

在视频播放器中打开上述创建的视频文件，浏览最终效果。最终效果如样张“pre1yz.mp4”所示。

六、思考题

（1）视频过渡作用的对象必须是视频吗?

（2）不同的视频的过渡效果，其参数的设置方法是否一致？如何进行设置？

（3）使用“选择工具”“波纹编辑工具”“剃刀工具”等工具及“速度/持续时间”命令对素材进行剪辑后的效果是否相同?

实验4 Premiere Pro 视频处理基础（二）——视频效果

视频

Pr视频效果

一、实验目的

- 掌握Premiere Pro中向视频、图片等素材添加视频特效的方法。
- 掌握Premiere Pro中视频效果的设置方法。
- 掌握Premiere Pro中叠加效果的制作方法。
- 掌握Premiere Pro中运动效果的制作方法。

二、相关知识点

（1）视频效果是指为视频素材进行特殊的处理，使其产生丰富多彩的视觉效果。

（2）同一个视频素材可以添加多个相同或不同的视频效果。

（3）视频效果的添加和编辑必须与关键帧的建立结合起来。

（4）键控又称“抠像”，即将前景素材中某一区域透明化以显示背景素材相应区域。

（5）关键帧是时间轴上的关键时间节点，在这些节点上可以对素材进行参数设置以达到制作效果。

三、实验内容

为视频素材添加不同视频效果。

四、实验要点

- 为素材添加视频效果。
- 利用颜色键控实现颜色抠像。
- 利用关键帧控制素材的运动。

五、实验步骤

实验所用的素材存放在“实验\素材\实验4”文件夹中。实验样张存放在“实验\样张\实验4”文件夹中。

1. 创建新项目

运行PremierePro软件，在打开的界面中单击“新建项目”按钮，进入“新建项目”对话框。在“项目名”文本框中设置文件名为“pre2”，在“项目位置”文本框中输入新建项目所保存的文件夹，其他为默认设置。单击“创建”按钮，进入PremierePro工作界面。

2. 导入素材

执行“文件”|“导入”命令，将素材文件夹内的“极限运动.mp4”“极.jpg”“限.jpg”“运.jpg”“动.jpg”素材导入到项目面板中，双击修改素材文件名的名称为“极限运动”“极”“限”“运”“动”。

3. 创建新序列

将项目面板中的“极限运动”素材拖放到时间轴面板中，即可创建一个以素材“极限运动”命名的序列，序列参数自适应素材参数。将素材插入到“V1”轨道中，起始时间在00:00:00:00帧位置处。

4. 为“极限运动”素材添加光晕追踪视频效果

①在效果面板中，展开“视频效果”|“调整”选项，拖动“光照效果”特效到“V1”轨道中的“极限运动”素材上。

②选择“极限运动”素材，在“效果控件”面板中，单击“光照效果”左侧的按钮，展开“光照效果”选项，将“环境光照强度”参数设置为15.0。

③在时间轴面板中，调整“当前时间显示器”位置到00:00:00:00帧位置处。展开“光照1”选项，单击“中央”选项左侧的“切换动画”按钮添加关键帧，并设置参数值为（315.0，130.0），如图4-1所示。

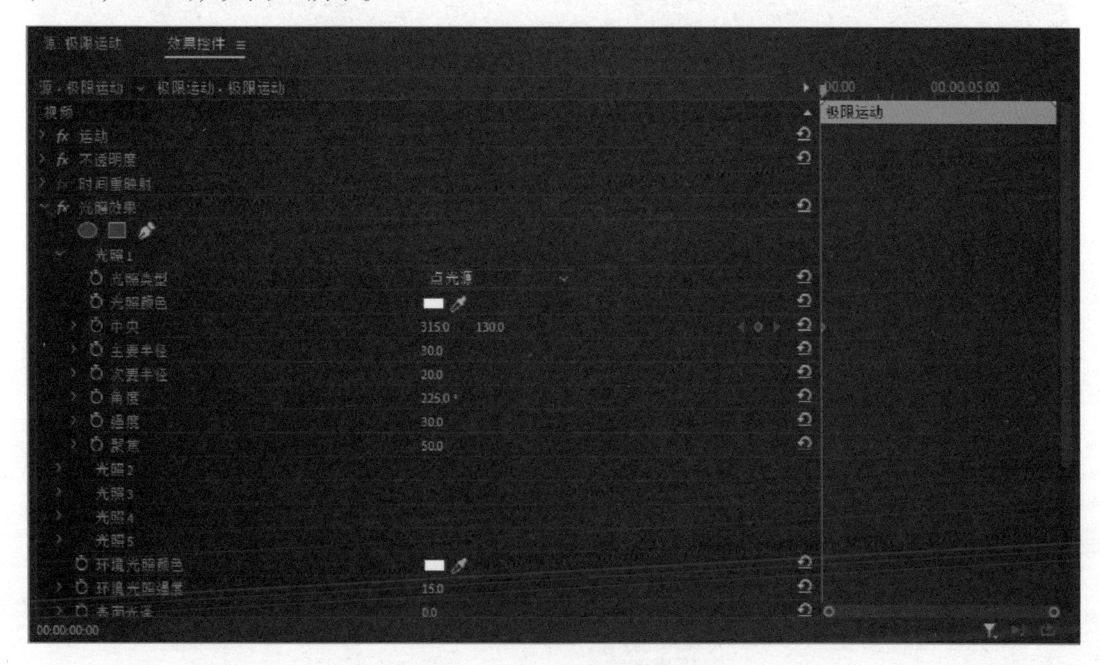

图 4-1 设置“光照效果”特效

④调整“当前时间显示器”位置到00:00:02:15帧位置处，单击“中央”选项右侧的“添

加/移除关键帧”按钮添加关键帧，并修改参数值为（360，380）。

⑤调整“当前时间显示器”位置到00:00:04:11帧位置处，并设置参数值为（490，220）；调整“当前时间显示器”位置到00:00:08:05帧位置处，并设置参数值为（320，230）。修改参数值的同时系统将自动添加一个关键帧。

5. 输出静止帧

①调整“当前时间显示器”位置到00:00:02:22帧位置处。执行“文件”|“导出”|“媒体”命令，在弹出的“导出设置”对话框中修改导出“格式”为JPEG；单击“位置”右侧，在弹出的“另存为”对话框中，设置在指定的文件夹中保存静止帧画面，文件名为“静止帧.jpg”；在“视频”栏中取消勾选“导出为序列”复选框，如图4-2所示。

图 4-2　导出静止帧画面

②单击“导出”按钮，在指定文件夹中导出静止帧画面。将导出的“静止帧.jpg”导入到项目面板中，修改名称为“静止帧”。

6. 插入并剪辑静止帧

①调整“当前时间显示器”位置到00:00:02:22帧位置处，利用工具面板中的“剃刀工具”将视频素材分为两段。

②双击项目面板中的“静止帧”素材，选择并在“源监视器面板”中打开该素材，单击“源监视器面板”中的“插入”按钮，将“静止帧”素材插入到分离开的两段视频中间，起点在00:00:02:22帧位置处。

③利用工具面板中的“波纹编辑工具”，通过拖动素材的边缘设置持续时间为2 s，并使各素材之间首尾相连。

7. 为静止帧素材添加两个视频效果

在效果面板中，展开“视频效果”|“风格化”选项，分别拖动“复制”和“查找边缘”效果到“V1”轨道中的“静止帧”素材上，效果如图4-3所示。

图 4-3 应用效果后的效果图

8. 设置素材时间节点及抠像

①将项目面板中的“极”素材拖放到“V2”轨道上，起点在00:00:01:00帧位置处，时间轴终点与“V1”轨道素材总时间的一致，如图4-4所示。

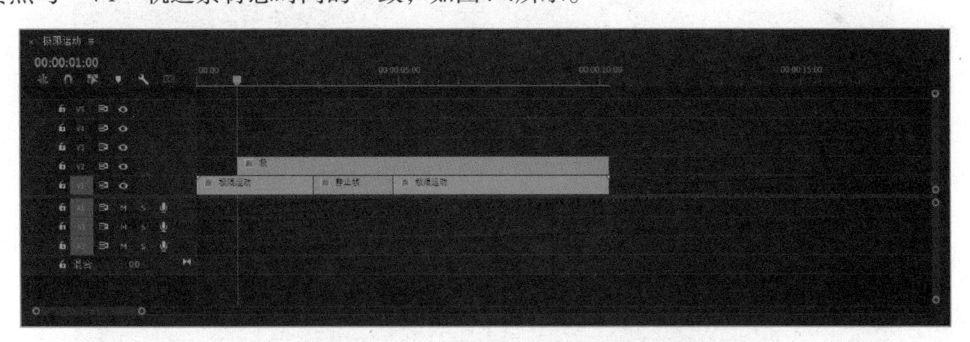

图 4-4 插入“极”素材后的时间轴面板

②单击选择“V2”轨道中的“极”素材，在“效果控件”面板中，展开“运动”选项，设置“缩放”值为200.0。

③在效果面板中，展开“视频效果”|“键控”选项，拖动“颜色键”效果到“V2”轨道中“极”素材上，为其添加一个颜色键效果。选择“极”素材，在“效果控件”面板中展开“颜色键”选项，将“颜色”参数设置为纯蓝色（RGB：0，0，255），“颜色容差”“边缘细化”和“羽化边缘”选项值参数如图4-5所示。设置完毕后，在“节目监视器”面板中查看效果如图4-6所示。

④与处理“极”素材类似，将“限”“运”“动”素材拖放到“V3”“V4”“V5”轨道上，起点分别在00:00:03:00，00:00:05:00和00:00:07:00帧位置处，时间轴终点与“极”素材的保

持一致，如图4-7所示。并分别“缩放”为200.0；为它们添加“颜色键”效果，并抠除蓝色背景。

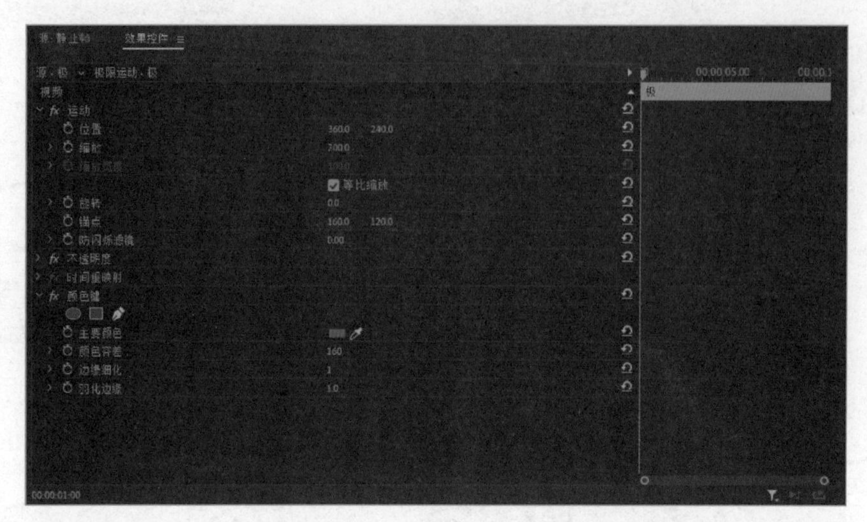

图 4-5　设置“颜色键”效果

图 4-6　“颜色键”应用后的效果

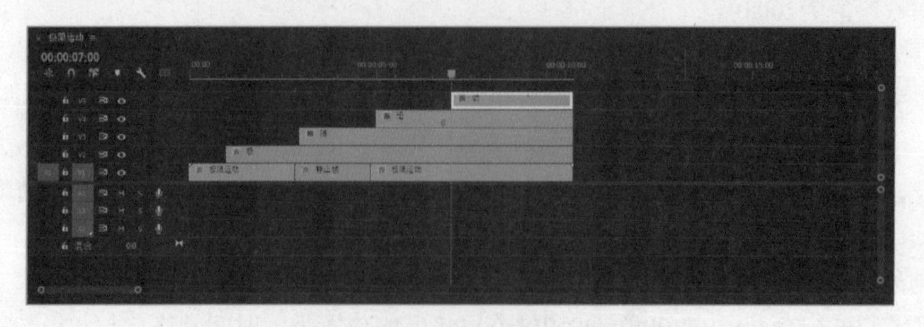

图 4-7　加入多个素材后的时间轴面板

9. 设置素材透明效果及运动路径

①在时间轴面板中，调整“当前时间显示器”位置到00:00:03:00帧位置处。选择“极”素材，在“效果控件”面板中展开“运动”和“不透明度”选项。单击“位置”“缩放”左侧的“切换动画”和“不透明度”右侧的“添加/移除关键帧”按钮添加关键帧，如图4-8所示。再调整“当前时间显示器”位置到00:00:01:00帧位置处。在“效果控件”面板中将“位置”参数值设置为（400.0，0），“缩放”参数值设置为“500.0”，“不透明度”参数值设置为“0.0%”，系统将自动添加关键帧，如图4-9所示。

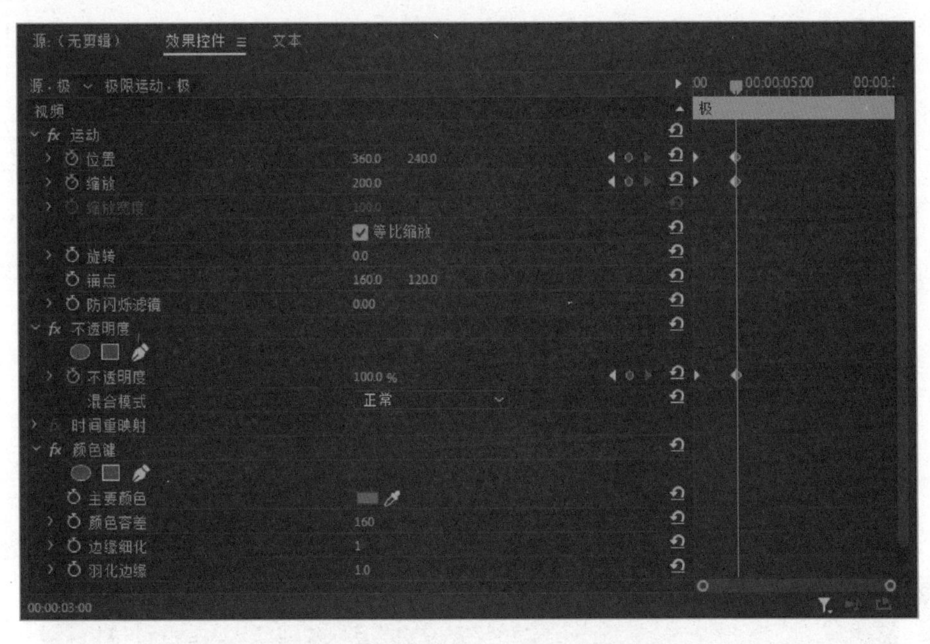

图 4-8 对“极”素材 3 s 处设置关键帧

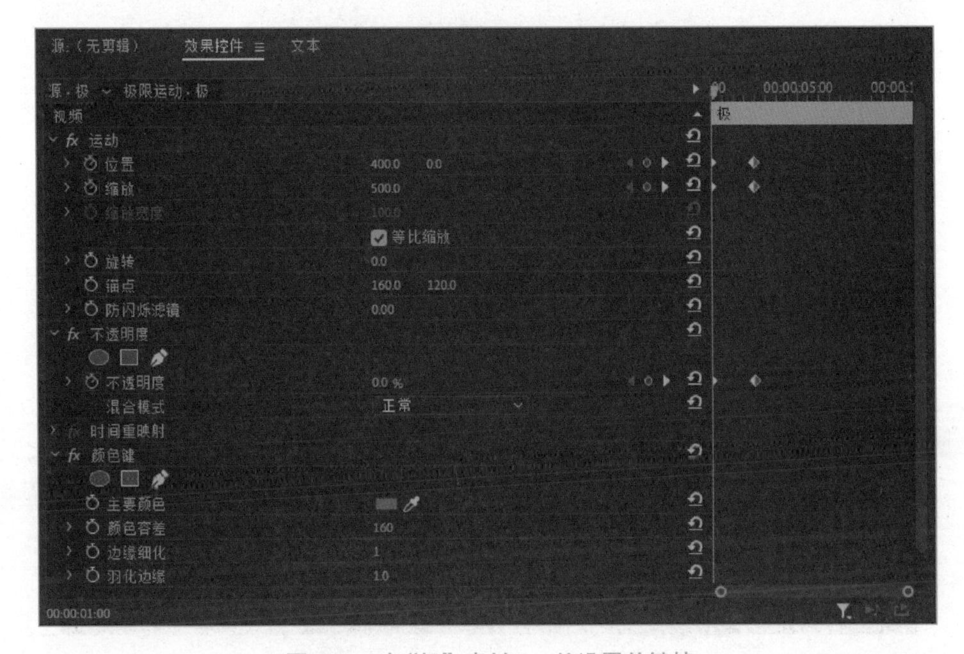

图 4-9 对“极”素材 1 s 处设置关键帧

②在时间轴面板中，调整“当前时间显示器”位置到00:00:05:00帧位置处。选择“限”素材，在“效果控件”面板中展开“运动”和“不透明度”选项。单击“位置”“缩放”“旋转”左侧的“切换动画”按钮以及“不透明度”右侧的“添加/移除关键帧”按钮添加关键帧，如图4-10所示。

③调整“当前时间显示器”位置到00:00:03:00帧位置处。在“效果控件”面板中将“位置”参数值设置为（700.0，650.0），“缩放”参数值设置为“800.0”，“旋转”设置为“360° ”（说明：输入360后，软件会自动将数字转化为1×0.01，以下类似情况不再作说明），“不透明度”参数值设置为“0.0%”后，系统将自动添加关键帧，如图4-11所示。

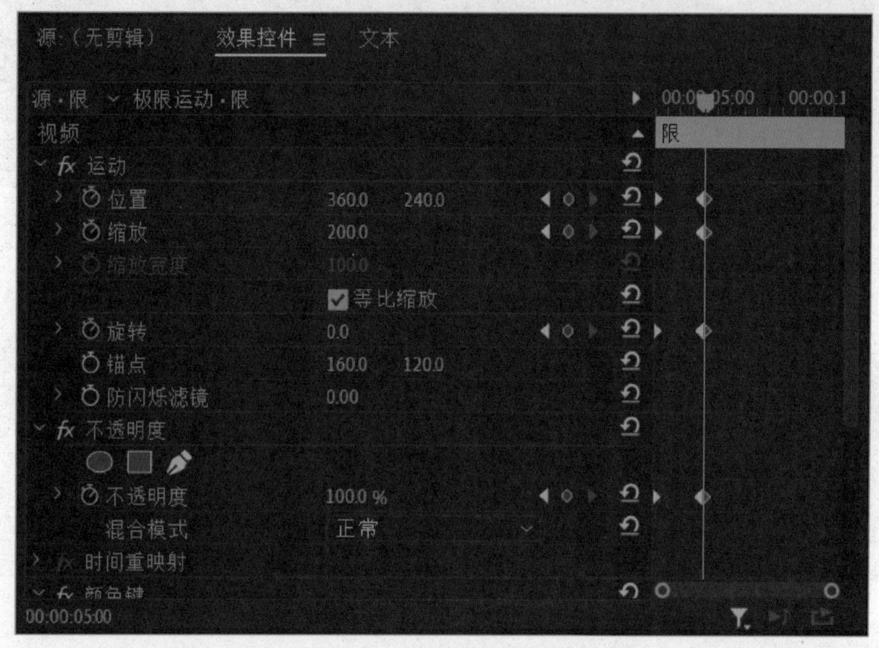

图 4-10　对“限”素材 5 s 处设置关键帧

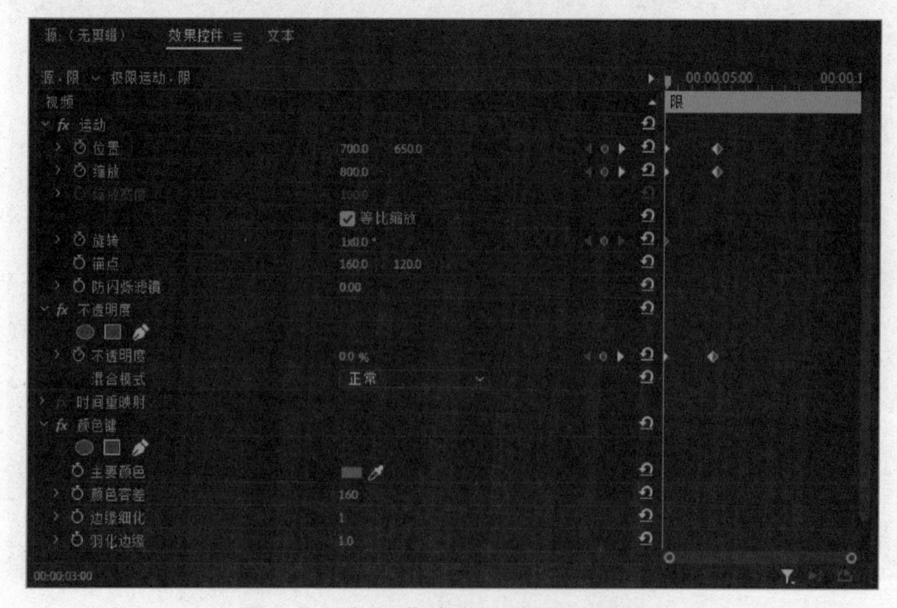

图 4-11　对“限”素材 3 s 处设置关键帧

④在时间轴面板中，调整“当前时间显示器”位置到00:00:07:00帧位置处。选择“运”素材，在“效果控件”面板中展开“运动”和“不透明度”选项。单击“缩放”和“旋转”左侧的“切换动画”按钮以及“不透明度”右侧的“添加/移除关键帧”按钮添加关键帧，如图4-12所示。

⑤调整“当前时间显示器”位置到00:00:05:00帧位置处。在“效果控件”面板中将“缩放”参数值设置为“50.0”，“旋转”设置为“-720”，“不透明度”参数值设置为“0.0%”后，系统将自动添加关键帧，如图4-13所示。

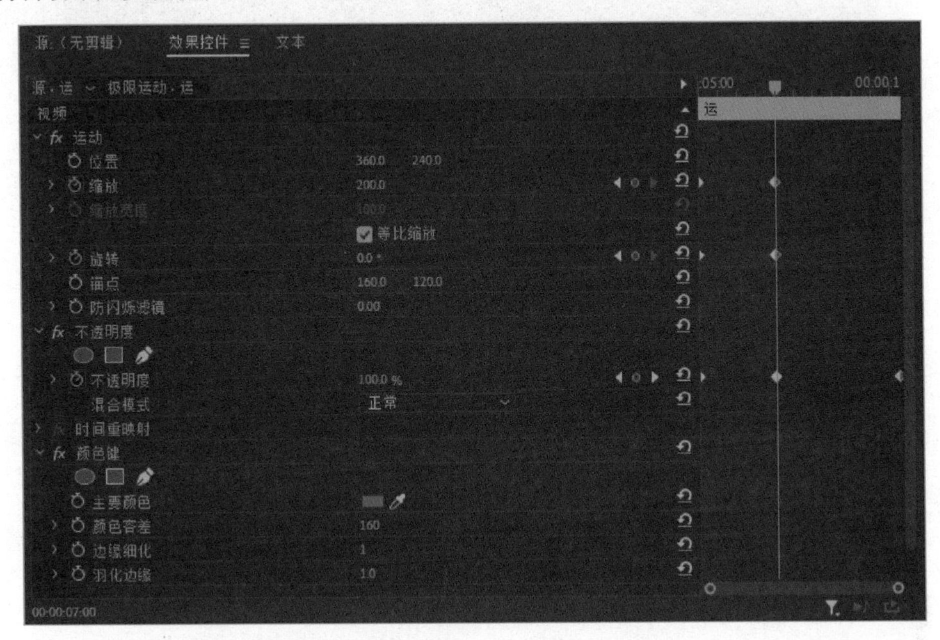

图 4-12 对“运”素材 7 s 处设置关键帧

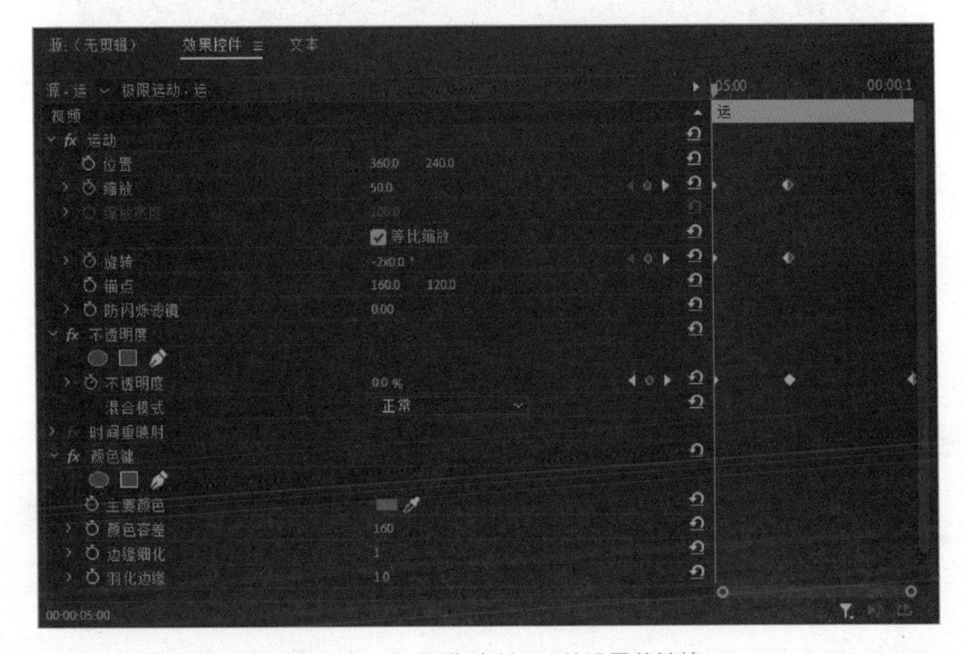

图 4-13 对“运”素材 5 s 处设置关键帧

⑥在时间轴面板中，调整“当前时间显示器”位置到00:00:09:00帧位置处。选择“动”素材，在“效果控件”面板中展开“运动”和“不透明度”选项。单击“位置”“缩放”左侧的“切换动画”按钮和“不透明度”右侧的“添加/移除关键帧”按钮添加关键帧，如图4-14所示。

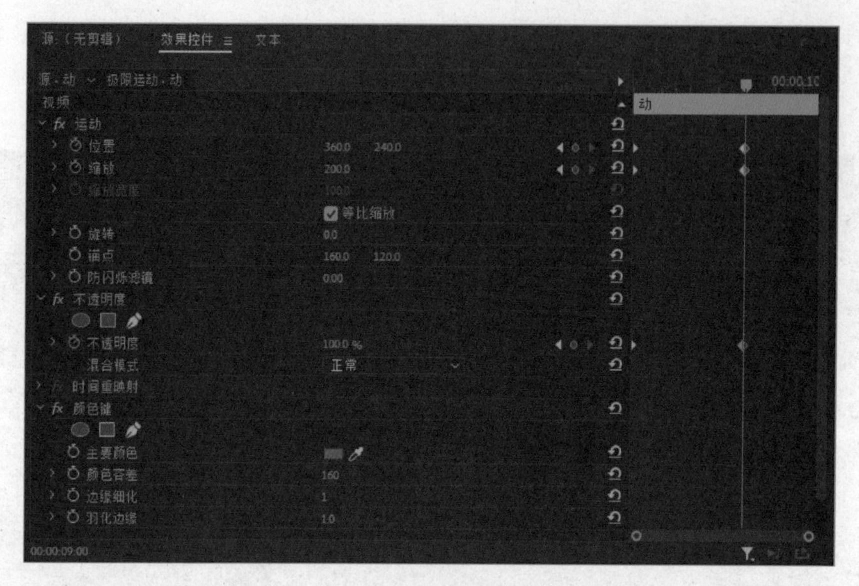

图 4-14　对“动”素材 9 s 处设置关键帧

⑦调整“当前时间显示器”位置到00:00:07:00帧位置处。在“效果控件”面板中将“位置”参数值设置为（130.0，600.0），“缩放”参数值设置为“600.0”，“不透明度”参数值设置为“0.0%”后，系统将自动添加关键帧，如图4-15所示。

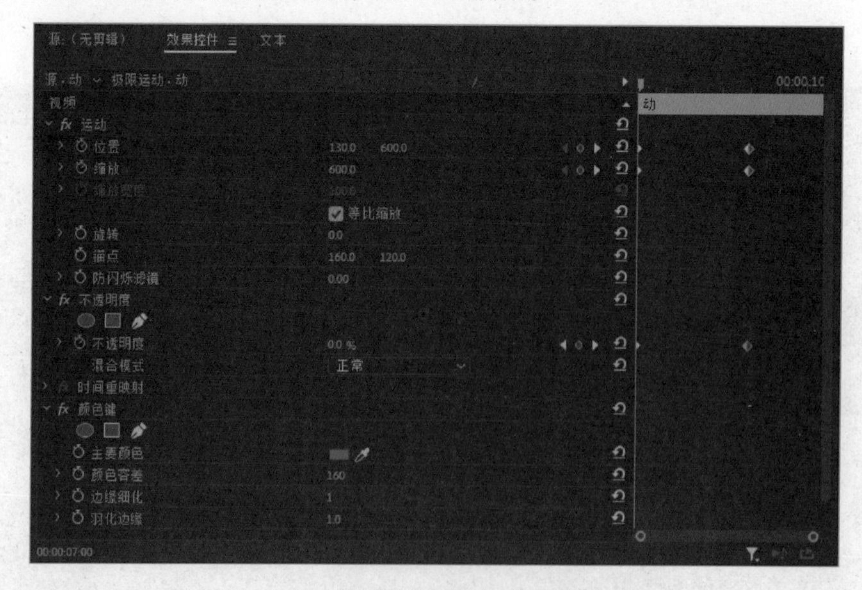

图 4-15　对“动”素材 7 s 处设置关键帧

10. 查看视频效果

单击“节目监视器”面板中“播放-停止切换”按钮，查看整个视频效果。

11. 保存文件

执行“文件”|“保存”命令，将项目文件“pre2.prproj”保存到指定文件夹中。

12. 导出文件

执行“文件”|“导出”|“媒体”命令，将影片以“pre2.mp4”为文件名输出到指定文件夹中。

13. 最终效果

在视频播放器中打开上述创建的视频文件，浏览最终效果。最终效果如样张“pre2yz.mp4”所示。

六、思考题

（1）关键帧在运动效果上的作用是什么？

（2）如何添加/修改/删除关键帧？

（3）为了实现抠像的效果，应采用哪些颜色作为键控颜色？

实验 5 Premiere Pro 视频处理基础（三）——字幕的制作

视 频

Pr字幕的制作

一、实验目的

- 掌握Premiere Pro中各种效果和过渡的叠加使用方法。
- 掌握Premiere Pro中各种字幕的制作方法。
- 掌握Premiere Pro中字幕属性的设置方法。

二、相关知识点

（1）字幕：字幕是在屏幕上以文字形式显示的非影像内容，通常用于电影、电视等媒体作品内容中。字幕作为一种辅助性的媒体元素，不仅提高了视频内容的可访问性，也丰富了媒体传播的形式，使更多人能够分享和理解不同语言和文化的内容。

（2）文字工具：是添加常规文字的主要工具。通过文字工具，用户可以在视频项目中创建文本图层，输入文字内容，并进行基本的文本编辑。

（3）字幕轨道：字幕轨道是一种专门用于处理字幕的轨道类型。字幕轨道允许用户在视频项目中添加、编辑和管理字幕，以便在最终输出的视频中显示文本信息。

三、实验内容

创建不同类型的字幕。

四、实验要点

- 制作水墨画。
- 制作画轴展开效果。
- 利用文字工具创建字幕。
- 添加滚动字幕。

- 添加字幕轨道。

五、实验步骤

实验所用的素材存放在“实验\素材\实验5”文件夹中。实验样张存放在“实验\样张\实验5”文件夹中。

1. 创建新项目

①运行Premiere Pro软件，在软件主页界面中单击“新建项目”按钮，弹出“新建项目”对话框。在“项目名”文本框中设置文件名为“pre5”，在“项目位置”文本框中输入新建项目所保存的文件夹，其他为默认设置。单击“创建”按钮，进入Premiere Pro工作界面。

②执行“文件”|“新建”|“序列”命令，在弹出的“新建序列”对话框中，选择“设置”选项卡进行自定义各项参数设置。其中，“编辑模式”设置为“自定义”，“时基”为“25.00帧/秒”，“视频”栏中设置“帧大小”为800×450，“像素长宽比”为“方形像素（1.0）”，“场”为“无场（逐行扫描）”，“显示格式”为“25fps时间码”，“音频”栏中设置“采样率”为48 000 Hz，“显示格式”为“音频采样”，其他参数采用默认设置，单击“确定”按钮，新建一个序列，如图5-1所示。

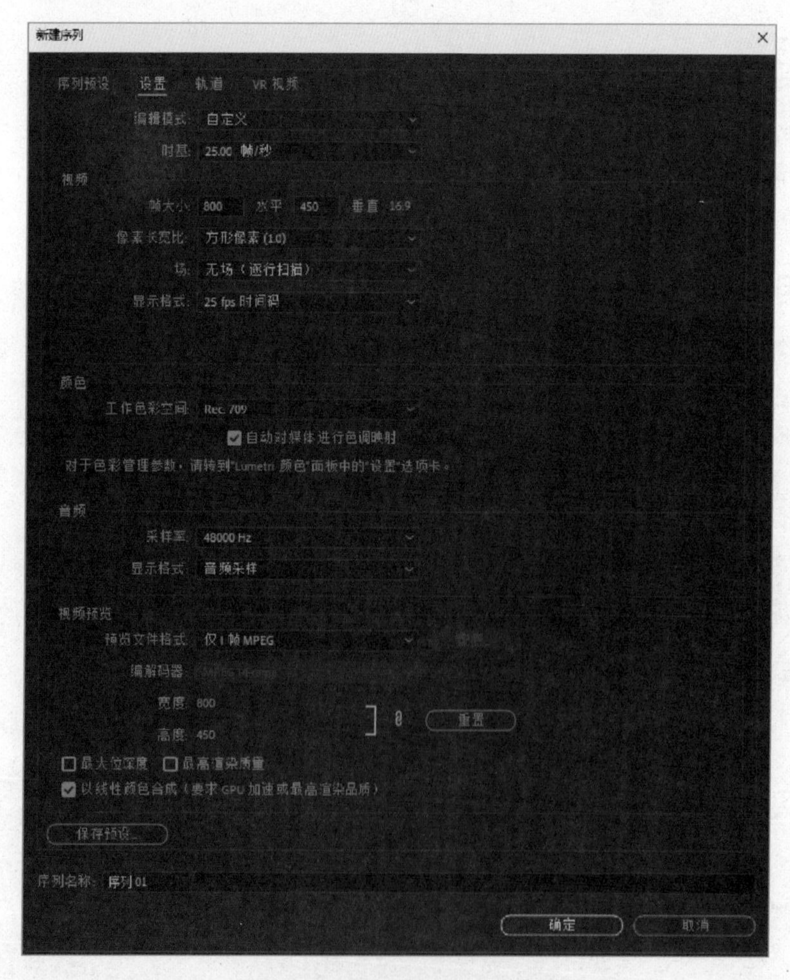

图 5-1 “新建项目”对话框

2. 导入素材文件

执行“文件”|“导入”命令，将素材文件夹内的“画.jpg”“轴.png”文件导入到项目面板中，并修改素材名称为“画”和“轴”。

3. 新建颜色遮罩

执行“文件”|“新建”|“颜色遮罩”命令，弹出“新建颜色遮罩”对话框，参数设置如图5-2所示；单击“确定”按钮，弹出“拾色器”对话框，设置遮罩颜色（#D08C1E）；单击“确定”按钮，弹出“选择名称”对话框，设置新遮罩的名称为“背景”，单击“确定”按钮，在项目面板中新建一个颜色遮罩。

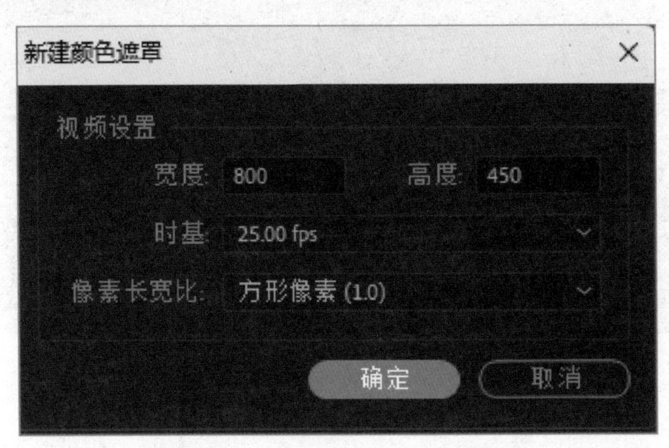

图 5-2 “新建颜色遮罩”对话框

4. 整理素材

①将项目面板中的“背景”拖放到“V1”轨道上，起点在第00:00:00:00帧位置处，持续时间为6 s。

②将项目面板中的“画”分别拖放到“V2”“V3”轨道上，起点在第00:00:00:00帧位置处，持续时间为6 s。

③将项目面板中的“轴”拖放到“V4”轨道上，起点在第00:00:00:00帧位置处，持续时间为6 s。

④选择“轴”素材，在“效果控件”面板中设置“缩放”值为58，修改轴的大小；设置“位置”值为（36，225），调整轴的位置到画的左侧。

5. 设置“画”的水墨画效果

①单击“V3”轨道上的“切换轨道输出”按钮，隐藏该轨道中的素材输出。

②将“视频效果”|“图像控制”|“黑白”视频效果拖放到“V2”轨道的素材上。

③将“视频效果”|“风格化”|“查找边缘”视频效果拖放到“V2”轨道的素材上。在“效果控件”面板中设置“与原始图像混合”值为80%。

④将“视频效果”|“调整”|“色阶”视频效果拖放到“V2”轨道的素材上。在“效果控件”面板中设置“（RGB）输入黑色阶”值为40。

⑤将“视频效果”|“模糊与锐化”|“高斯模糊”视频效果拖放到“V2”轨道的素材上。在“效果控件”面板中设置“模糊度”值为3.0。“V2”轨道上的素材视频效果设置完成后“效果控件”面板如图5-3所示。

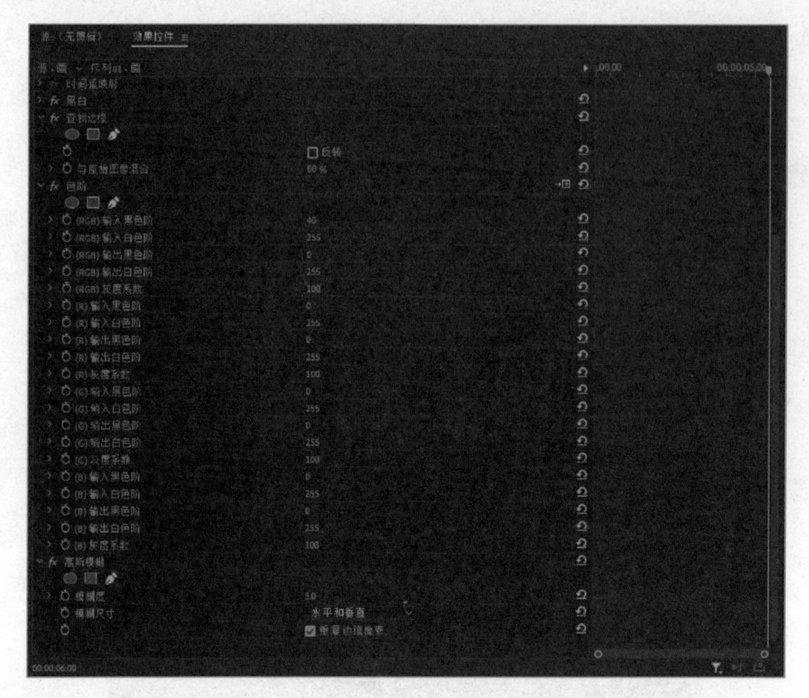

图 5-3 “V2”轨道上素材设置视频效果

⑥选择“V3”轨道上的“画”素材，单击“V3”轨道上的“切换轨道输出”按钮，显示该轨道中的素材。

⑦将“视频效果”|“图像控制”|“黑白”视频效果拖放到“V3”轨道的素材上。

⑧将“视频效果”|“颜色校正”|“Brightness & Contrast”视频效果拖放到“V3”轨道的素材上。在“效果控制”面板中设置“亮度”值为22.0，“对比度”值为-8.0。

⑨将“视频效果”|“模糊与锐化”|“高斯模糊”视频效果拖放到“V3”轨道的素材上。在“效果控件”面板中设置“模糊度”值为40.0。

⑩在“效果面板”中设置“V3”轨道上的“画”素材的“不透明度”值为50.0%，“混合模式”为“线性加深”。“V3”轨道上的素材视频效果设置完成后“效果控件”面板如图5-4所示。设置水墨画的最终效果如图5-5所示。

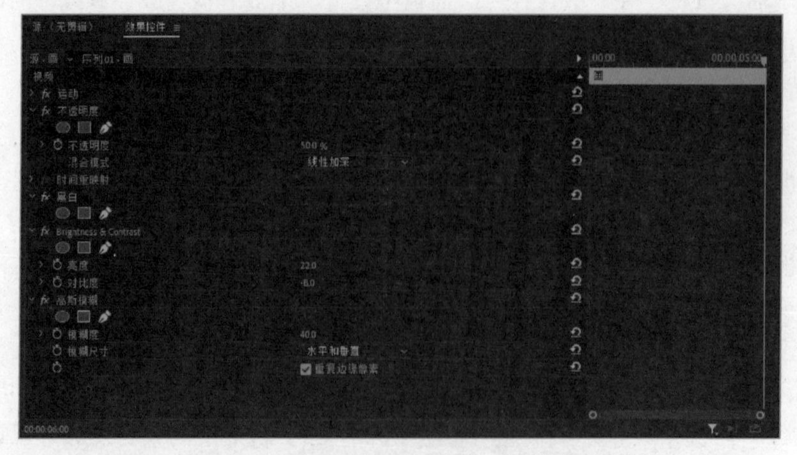

图 5-4 “V3”轨道上素材设置视频效果

图 5-5 水墨画效果图

6. 创建画轴展开视频

①将“视频过渡”|“擦除”|“划出”视频过渡效果添加到“V2”“V3”轨道的“画”素材的起点处，完成画展开的效果。

②在“V4”轨道的“切换轨道输出”按钮右侧右击，在打开的快捷菜单中选择“添加单个轨道”命令，在“V4”轨道上方新建一个“V5”轨道。

③右击“V4”轨道中的“轴”素材，在打开的快捷菜单中选择“复制”命令，在时间轴面板上单击“V5”轨道中的“以此轨道为目标切换轨道”按钮，同时取消其他轨道中此按钮的选择，调整“当前时间显示器”位置到第00:00:00:00帧位置处，执行“编辑”|“粘贴”命令，将轴素材复制到“V5”轨道上，起点在第00:00:00:00帧位置处，持续时间为6 s。

④选择“V5”轨道中的“轴”素材，在“效果控件”面板中为“位置”参数添加关键帧，分别为第00:00:00:02帧位置处值为（65，225），第00:00:00:22帧位置处值为（703，225），第00:00:01:00帧位置处值为（764，225）。画轴展开最终效果如图5-6所示。

图 5-6 画轴展开效果图

7. 利用文字工具创建字幕

①调整“当前时间显示器”位置到第00:00:01:00帧位置处。选择工具面板中的“文字工具”，在“节目监视器”面板中单击，创建文字插入点，同时，在“V5”轨道上方添加一个轨道V6并插入文字图层，起始点在第00:00:01:00帧位置处，输入文字“校园风光”，设置持续时间为5 s，如图5-7所示。

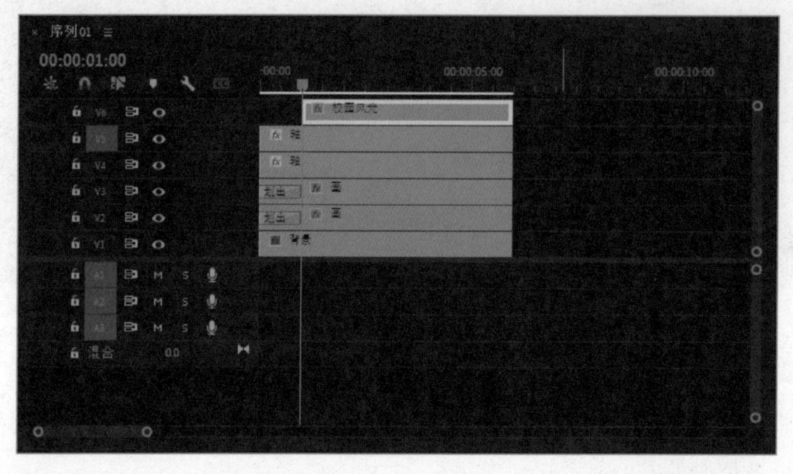

图 5-7 利用文字工具创建字幕

②选择字幕，在“基本图形”面板中（见图5-8），单击“编辑”选项卡，切换到图层编辑界面，单击“校园风光”字样处，展开图形编辑面板。设置字体格式为黑体，“大小”设置为80；单击“文本颜色”按钮，选择“颜色”色块，弹出“拾色器”对话框，设置字体颜色为黄色（#FFD800）；单击“背景颜色”按钮，设置背景不透明度为0%，去除字幕的黑色背景；选择“描边”按钮，“描边宽度”设置为3.0，颜色设置为红色，为字体添加红色（#FF0000）描边效果，如图5-9所示。

③将“视频过渡”|“溶解”|“叠加溶解”视频过渡效果添加到字幕素材的起点处，在“效果面板”中设置持续时间为2 s。

④调整“当前时间显示器”位置到第00:00:02:00帧位置处。长按工具面板中的“文字工具”，选择“垂直文字工具”，在“节目监视器”面板中单击创建文字插入点，同时，在“V6”轨道上方自动添加一个轨道，并插入文字图层，起始点在第00:00:02:00帧位置处，输入竖排文字“自强不息”，设置持续时间为4 s。

⑤打开屏幕上方的“图形”选项卡，将工作界面切换到“图形”界面。选择字幕，在“基本图形”面板中打开“编辑”选项卡，切换到图层编辑界面，单击“自强不息”字样处，展开图形编辑面板。修改字号大小为60，字体为华文行楷，填充

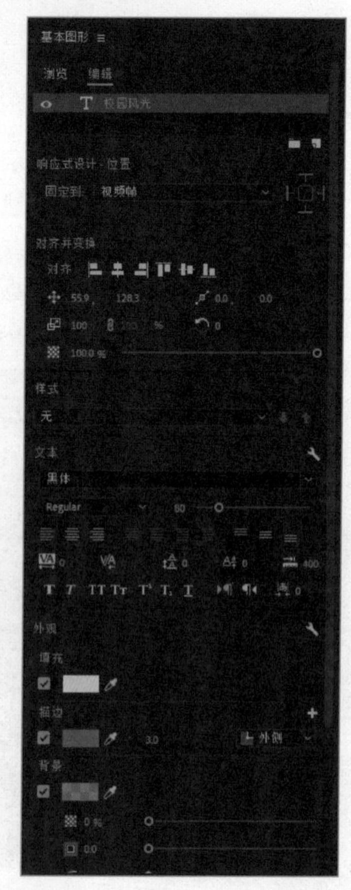

图 5-8 “基本图形”面板

颜色为红色，如图5-10所示。

图 5-9 添加字幕效果图

图 5-10 利用文字工具创建字幕

⑥选择字幕，执行“编辑”|“复制”/“粘贴”命令，复制一个字幕并修改文字为“求实创新”字号、字体、颜色同“自强不息”，移动到合适的位置，如图5-11所示。

图 5-11 复制字幕

⑦将“视频过渡”|“擦除”|“径向擦除”视频过渡效果添加到字幕素材的起点处，在“效果面板”中设置持续时间为2 s。

8. 制作滚动字幕

①调整“当前时间显示器”位置到第00:00:00:00帧位置处。选择工具面板中的“文字工具”，在“节目监视器”面板中单击，创建文字插入点，同时，在“V7”轨道上方添加一个轨道并插入文字图层，起始点在第00:00:00:00帧位置处，输入文字“×××制作”（其中×××为学生本人姓名），设置持续时间为6 s。

②打开“效果控件”面板，在第00:00:00:00帧位置处插入关键帧，位置设置为（870，225），第00:00:06:00帧位置处插入关键帧，位置设置为（0，225），实现字幕向左滚动效果，如图5-12所示。

图 5-12　创建滚动字幕

9. 添加字幕轨道

①创建一条新的字幕轨道。在“文本”面板的“字幕”选项卡中单击“创建新字幕轨”按钮，如图5-13所示。

图 5-13　字幕面板

②在弹出“新字幕轨道”对话框的“格式”下拉列表中选择“字幕”选项，“样式”可以根据需要选择，最后单击“确定”按钮，如图5-14所示。

图 5-14 新字幕轨道

③单击“字幕”选项卡中的按钮添加新字幕分段，出现一条新的字幕轨道，输入内容“上海大学宝山”，时长6 s，如图5-15所示。

图 5-15 “字幕”面板

④在字幕轨道中也可以显示相应的字幕内容，如图5-16所示。将字幕调整到合适位置，如图5-17所示。

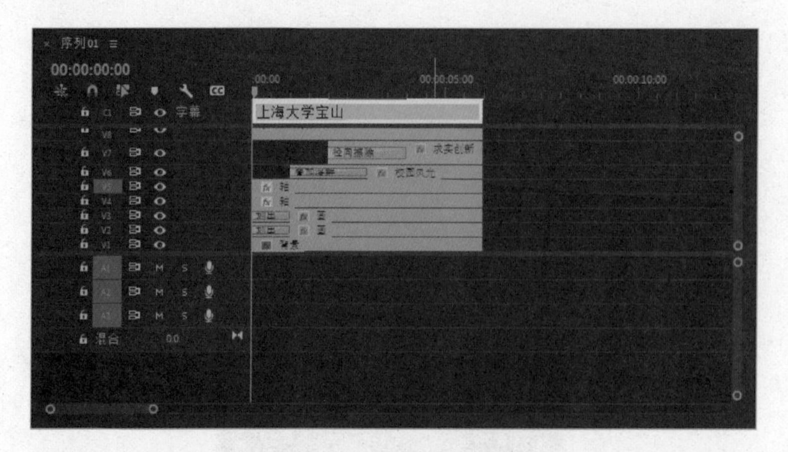

图 5-16 “时间轴”面板

图 5-17 调整字幕位置

10. 查看视频效果

单击“节目监视器”面板中“播放-停止切换”按钮，查看整个视频效果。

11. 保存文件

执行“文件” | “保存”命令，将项目文件“pre5.prproj”保存到指定文件夹中。

12. 导出文件

执行“文件”| “导出”| “媒体”命令，将影片以“pre5.mp4”为文件名输出到指定文件夹中。

13. 最终效果

在视频播放器中打开上述创建的视频文件，浏览最终效果。最终效果如样张“pre5yz.mp4”所示。

六、思考题

（1）字幕如何作为素材文件进行保存？

（2）字幕文件如何叠加在视频或静态背景上？

（3）创建字幕有哪几种方式？简述各方法的优缺点。

实验 6 Premiere Pro 视频处理基础（四）——综合实例

一、实验目的

- 掌握Premiere Pro中各种技术手段的综合应用。

二、相关知识点

（1）视频过渡的应用。视频过渡是指将一段视频或图像素材转场到另一个素材时产生的过渡效果。

（2）视频效果的应用。视频效果是指素材进行特殊的处理，使其产生丰富多彩的视频效果。

（3）关键帧的应用。关键帧是时间轴上的关键时间节点，在这些节点上可以对素材进行各种参数设置。

（4）文字工具的应用。通过文字工具，用户可以在视频项目中创建文本图层，输入文字内容，并对文字进行基本的文本编辑。

三、实验内容

制作校园风景Vlog。

四、实验要点

- 剪辑整理视频素材。
- 添加视频过渡实现不同画面之间的切换。
- 添加视频效果为画面添加不同的特效。
- 添加音频素材并进行编辑。

五、实验步骤

实验所用的素材存放在“实验\素材\实验6”文件夹中。实验样张存放在“实验\样张\实验6”文件夹中。

1. 创建新项目

运行Premiere Pro软件，在软件主页界面中单击“新建项目”按钮，弹出“新建项目”对话框。在“项目名”文本框中设置文件名为“pre6”，在“项目位置”文本框中输入新建项目所保存的文件夹，其他为默认设置。单击“创建”按钮，进入Premiere Pro工作界面。

2. 导入图像素材

执行“文件”|“导入”命令，将素材文件夹内的“片头.mp4”“片尾.mp4”“BGM.mp4”“library.mp4”和“01.jpg”~“05.jpg”素材导入到项目面板中。双击项目面板中的素材文件名修改素材名称分别为“片头”“片尾”“BGM”“library”“01”~“05”，如图6-1所示。

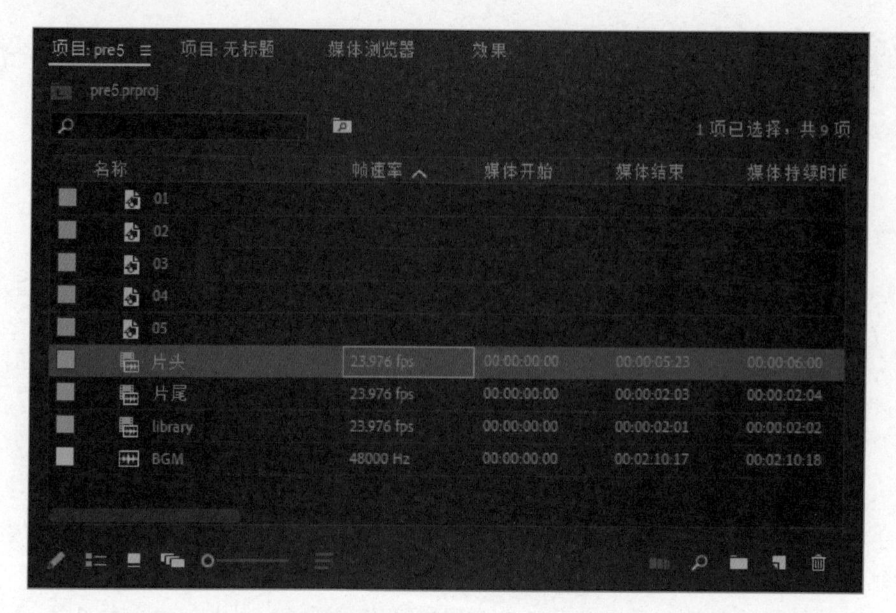

图 6-1 “项目”面板

3. 创建新序列

将项目面板中的“片头”素材拖放到时间轴面板中，即可创建一个以素材“片头”命名的序列，序列参数自适应素材参数。素材插入到“V1”轨道中，起始时间在第00:00:00:00帧位置处，持续时间为6 s。

4. 剪辑整理素材

在“项目”面板中依次将“library”“01”~“05”和“片尾”素材文件拖动到V1轨道上，“library”和“01”~“05”素材文件持续时间设置为2 s，“片尾”素材文件持续时间为6 s。将项目面板中的“BMG”素材拖放到“A1”音频轨道上，起点在第00:00:00:00帧位置处，设置持续时间为24 s，如图6-2所示。

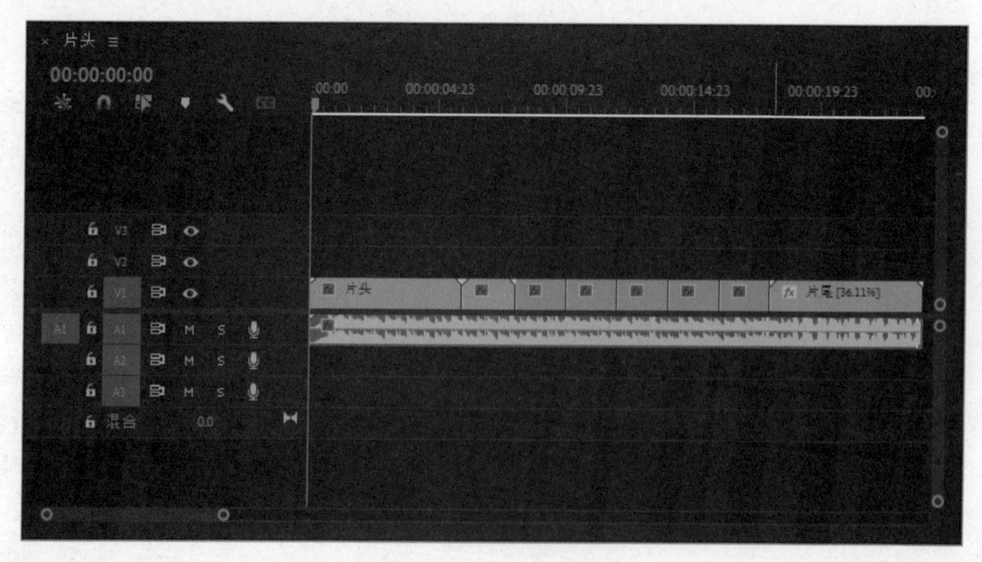

图 6-2 “时间轴”面板

5. 制作片头

①选择“V1”轨道上的“片头”素材文件，在“效果”面板中搜索“裁剪”效果，将该效果拖动到该素材文件上。调整“当前时间显示器”位置到第00:00:00:00帧位置处，在“效果控件”面板中展开“裁剪”选项，单击“顶部”“底部”左侧的“切换动画”按钮，如图6-3所示。再调整“当前时间显示器”位置到第00:00:04:00帧位置处。在“效果控件”面板中将“顶部”参数值设置为30.0%，“底部”参数值设置为30.0%，系统将自动添加关键帧，如图6-4所示。

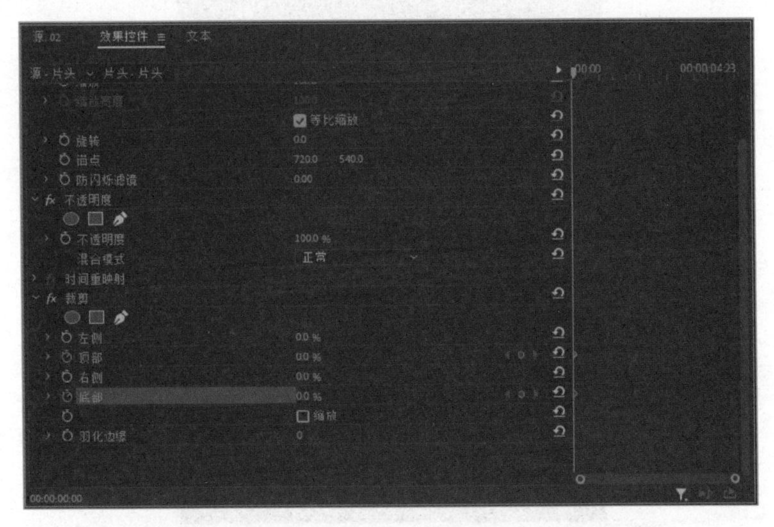

图 6-3　对“片头”素材起始处设置关键帧

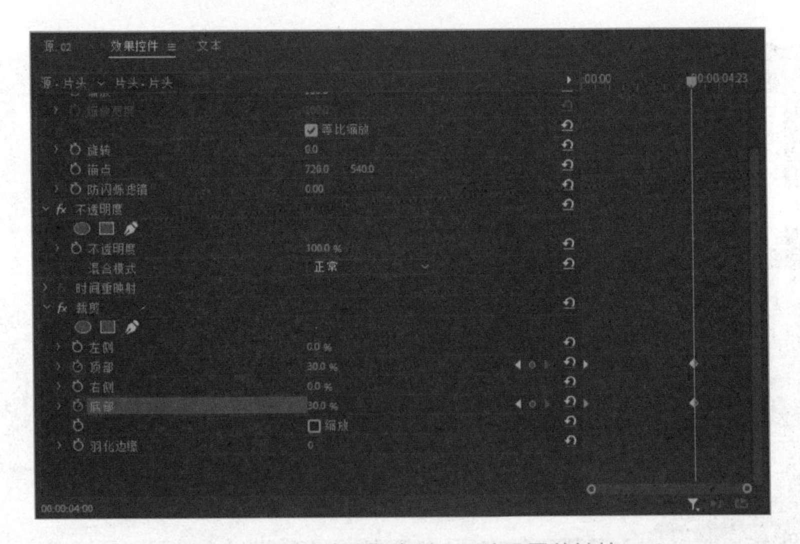

图 6-4　对“片头”素材 4 s 处设置关键帧

②调整“当前时间显示器”位置到第00:00:00:00帧位置处，选择工具面板中的“文字工具”，单击“节目监视器”面板，创建文字插入点，同时，在“V1”轨道上方自动添加一个轨道“V2”，并插入文字图层，起始点在第00:00:00:00帧位置处，输入文字“SHANGHAI UNIVERSITY”，设置持续时间为6 s，并将素材拖动到“V3”轨道。

③单击“基本图形”面板中“编辑”选项卡，切换到图层编辑界面，单击“SHANGHAI UNIVERSITY”字样处，打开图形编辑面板。设置字体格式为Britannic Bold，字号为170，居中对齐，如图6-5所示。将文字拖动到适当位置，效果如图6-6所示。

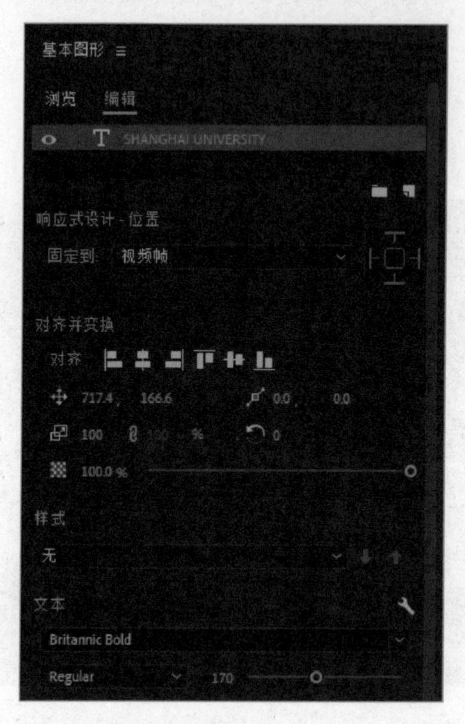

图 6-5 “基本图形”面板

图 6-6 调整文字图形位置

④选择“V3”轨道上的“SHANGHAI UNIVERSITY”素材，调整“当前时间显示器”位

置到第00:00:04:00帧位置处，打开“效果控件”面板中“矢量运动”选项。单击“位置”左侧的“切换动画”按钮，如图6-7所示。再调整“当前时间显示器”位置到00:00:06:00帧位置处。在“效果控件”面板中将“位置”参数值设置为（720.0，947.0），系统将自动添加关键帧，如图6-8所示。

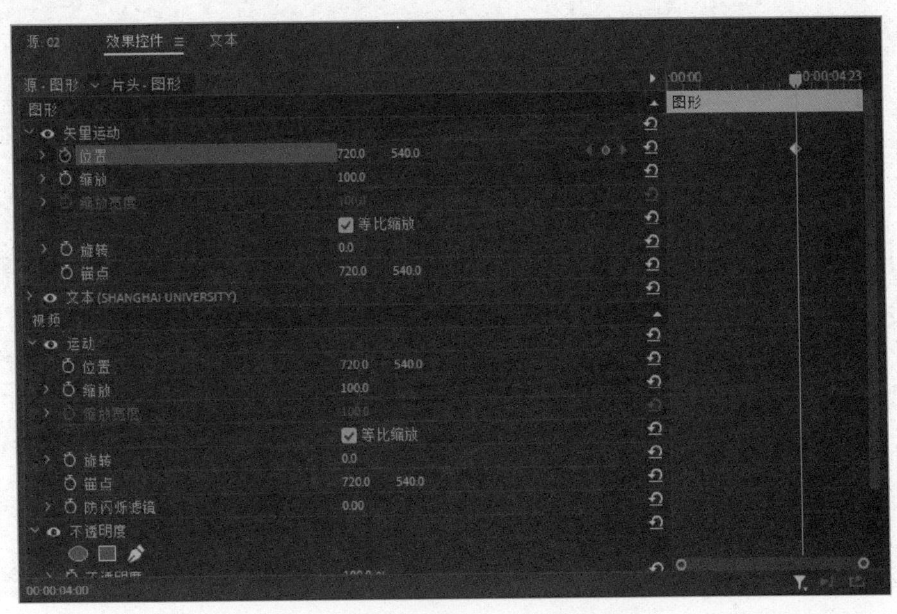

图 6-7　对文字素材 4 s 处设置关键帧

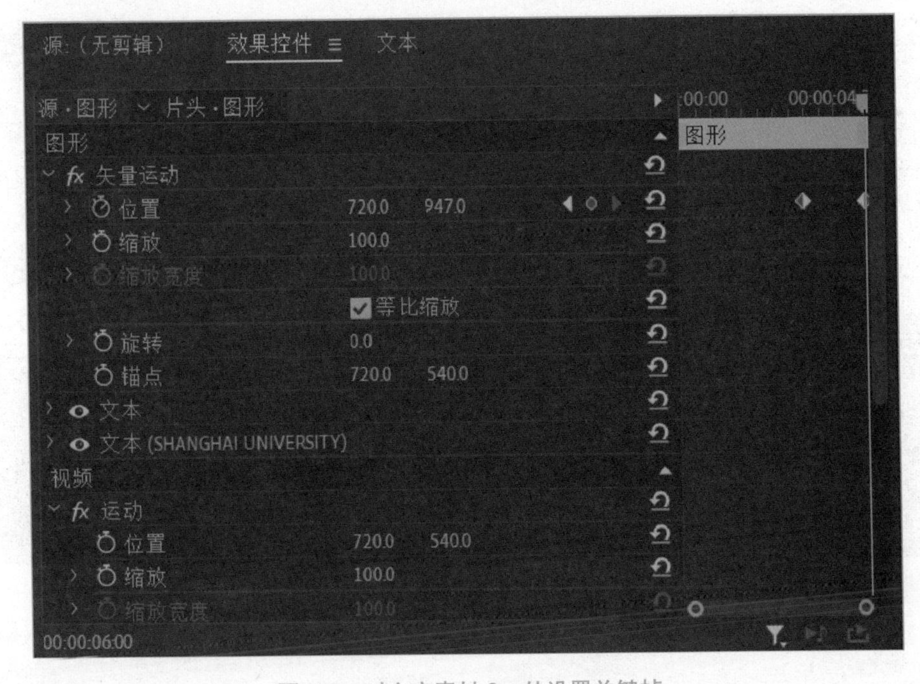

图 6-8　对文字素材 6 s 处设置关键帧

⑤单击选定“V1”轨道上的“片头”素材，按住【Alt】键将该素材复制到V2轨道上。打开“效果控件”面板，删除“V2”轨道上的“片头”素材中的“裁剪”效果。在“效果”面

板中搜索“轨道遮罩键”效果，将该效果拖动到V2轨道的“片头”素材文件上。在“效果控件”面板中选择遮罩“视频3”，如图6-9所示。此时时间轴如图6-10所示。

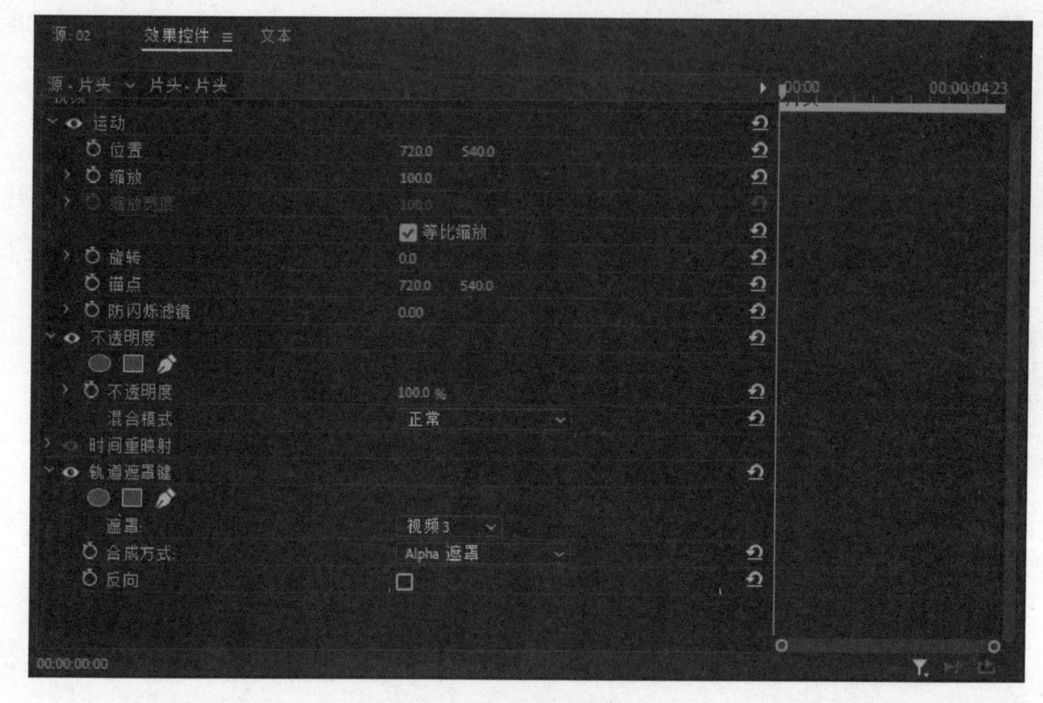

图 6-9　设置轨道遮罩键效果

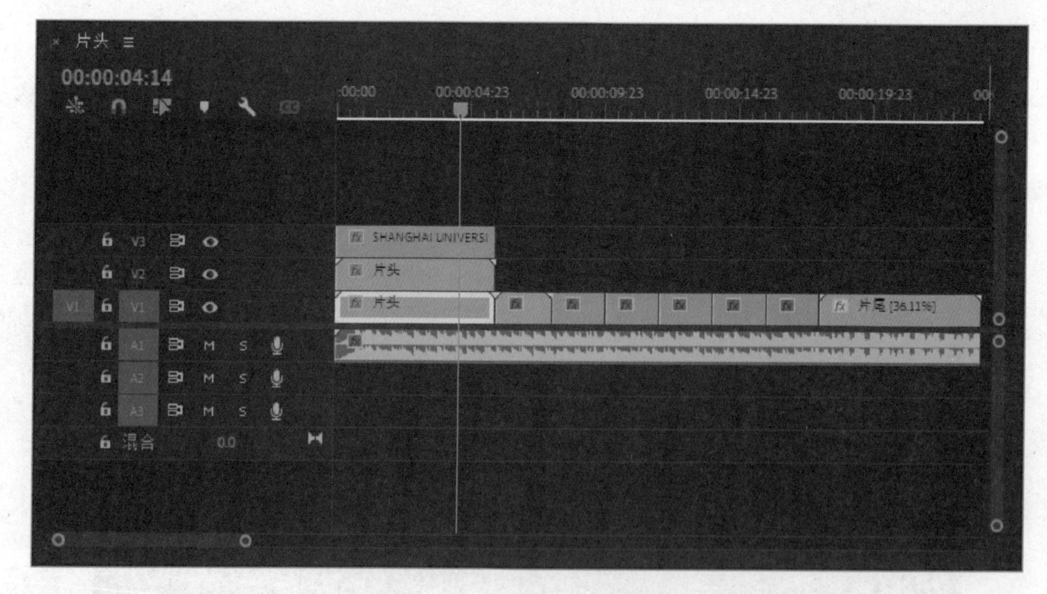

图 6-10　“时间轴”面板

6．制作正片

①调整“当前时间显示器”位置到第00:00:06:00帧位置处，选择工具面板中的“文字工具”，单击“节目监视器”面板，创建文字插入点，输入文字“library”，设置持续时间为1 s，并将图形素材拖动到“V3”轨道。单击选定“V1”轨道上的“library”素材，在“效果”面

板中搜索“轨道遮罩键”效果并拖动到该素材文件上。在“效果控件”面板中选择遮罩“视频3”，如图6-11所示。

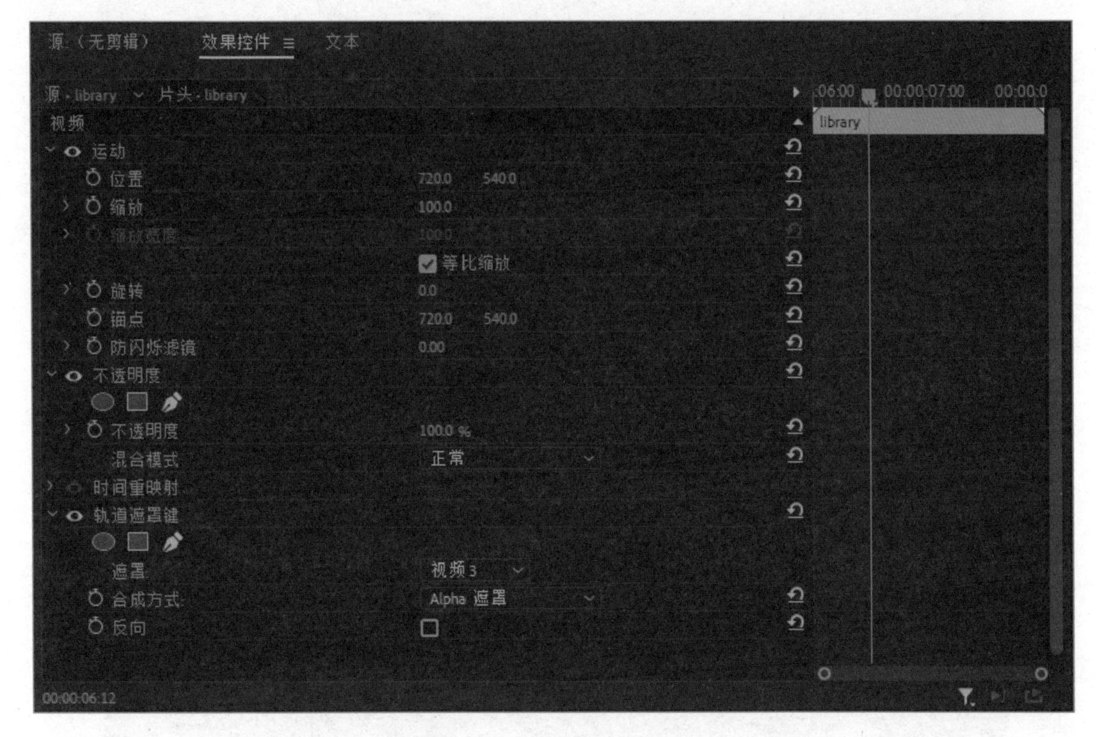

图 6-11 “效果控件”面板

②调整“当前时间显示器”位置到第00:00:08:00帧位置处，选择工具面板中的“文字工具”，单击“节目监视器”面板，创建文字插入点，输入文字“PAN-CHI”，设置持续时间为1 s，并将图形素材拖动到“V3”轨道。单击选定“V1”轨道上的“01”素材，将素材缩放到合适的大小，在“效果”面板中搜索“轨道遮罩键”效果并拖动到该素材文件上。在“效果控件”面板中选择遮罩“视频3”。

③调整“当前时间显示器”位置到第00:00:10:00帧位置处，选择工具面板中的“文字工具”，单击“节目监视器”面板，创建文字插入点，输入文字“LAWN”，设置持续时间为1 s，并将图形素材拖动到“V3”轨道。单击选定“V1”轨道上的“02”素材，在“效果”面板中搜索“轨道遮罩键”效果并拖动到该素材文件上。在“效果控件”面板中选择遮罩“视频3”。

④调整“当前时间显示器”位置到第00:00:12:00帧位置处，选择“03”素材，在“效果控件”面板中展开“运动”。单击“位置”左侧“切换动画”按钮，将“位置”参数值设置为（720.0，210.0），再调整“当前时间显示器”位置到第00:00:14:00帧位置处。在“效果控件”面板中将“位置”参数值设置为（720.0，824.0），如图6-12所示。

⑤调整“当前时间显示器”位置到第00:00:14:00帧位置处，选择“04”素材，在“效果控件”面板中展开“运动”。将“缩放”参数值设置为332.0。单击“位置”左侧的“切换动画”按钮，将“位置”参数值设置为（720.0，602.0），再调整“当前时间显示器”位置到第00:00:16:00帧位置处。在“效果控件”面板中将“位置”参数值设置为（720.0，479.0），如图6-13所示。

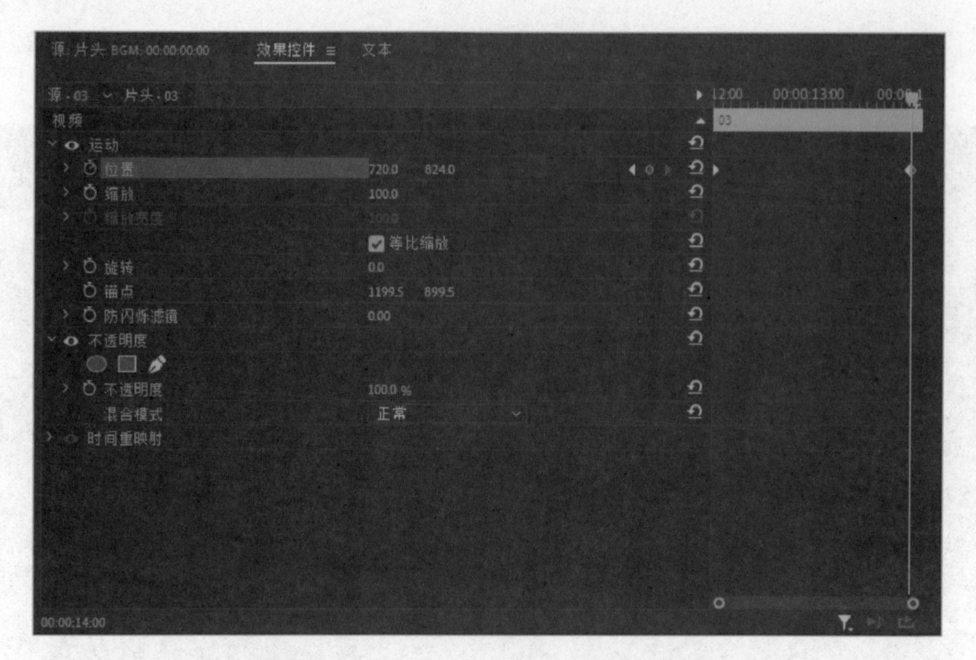

图 6-12　为“03”素材 14 s 处设置关键帧

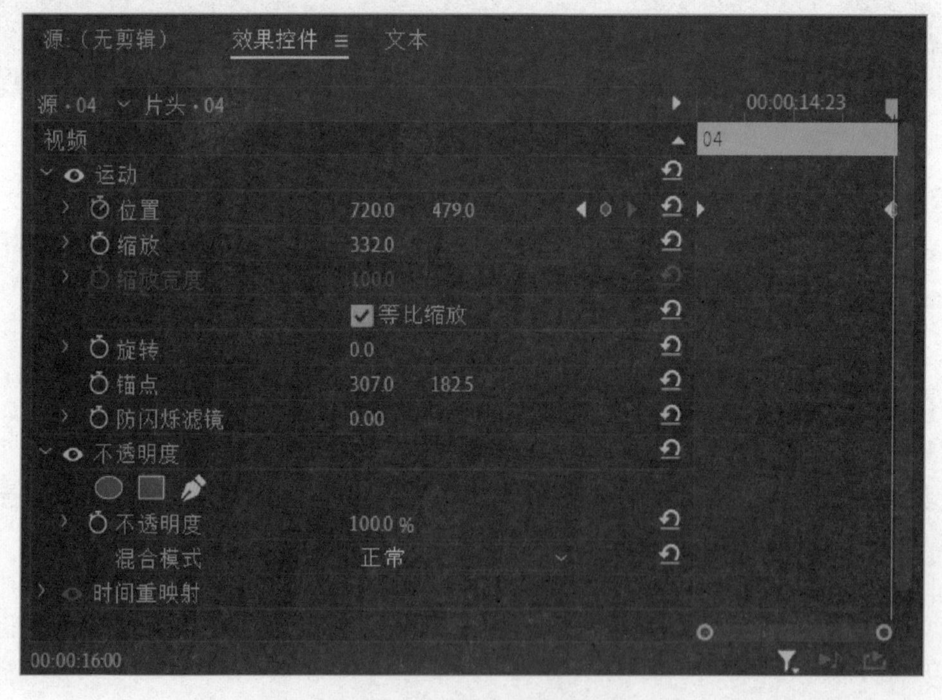

图 6-13　为“04”素材 16 s 处设置关键帧

⑥调整“当前时间显示器”位置到00:00:18:00帧位置处，选择“05”素材，在“效果控件”面板中展开“运动”。单击“位置”左侧“切换动画”按钮，将“位置”参数值设置为（720.0，754.0），再调整“当前时间显示器”位置到00:00:16:00帧位置处。在“效果控件”面板中将“位置”参数值设置为（720.0，311.0），如图6-14所示。

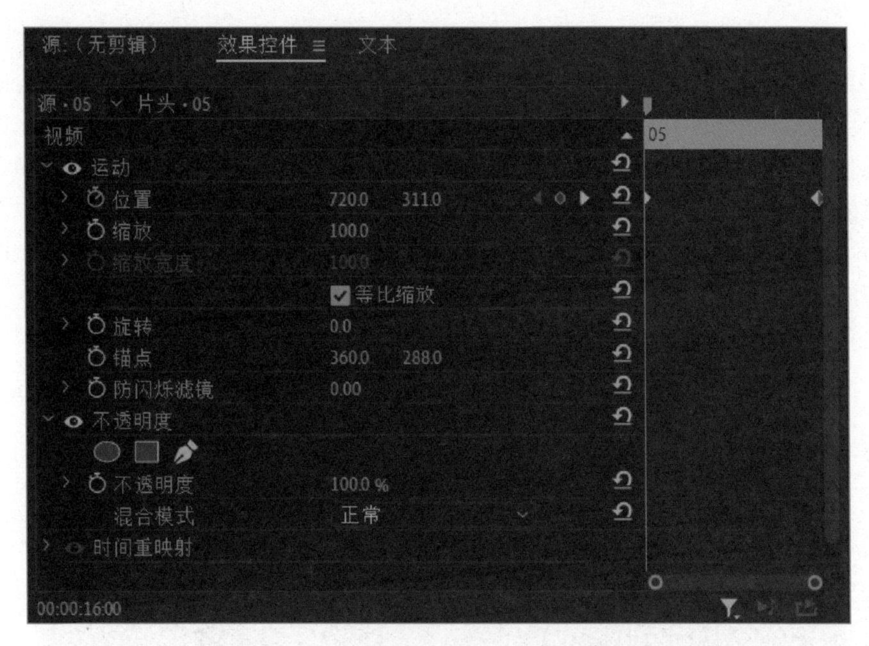

图 6-14 为“05”素材 16 s 处设置关键帧

⑦将“视频过渡”|“溶解”|“交叉溶解”视频效果，拖放到“V1”轨道的“03”和“04”素材之间。

⑧将“视频过渡”|“溶解”|“叠加溶解”视频效果拖放到“V1”轨道的“04”和“05”素材之间，如图6-15所示。

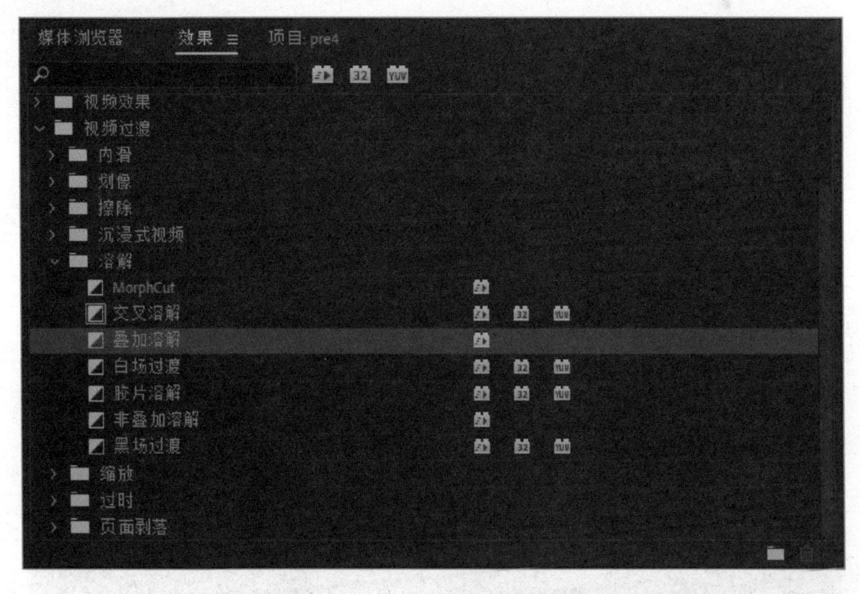

图 6-15 添加视频过渡效果

7. 制作片尾

①调整“当前时间显示器”位置到第00:00:18:00帧位置处，选择工具面板中的“文字工具”，单击“节目监视器”面板，创建文字插入点，输入文字“THANKYOU”，设置持续时

间为6 s，并将素材拖动到“V3”轨道。单击“基本图形”面板中“编辑”选项卡，切换到图层编辑界面，单击“THANKYOU”字样处，展开图形编辑面板。设置字体格式为Britannic Bold，字号调整至占满屏幕。

②调整“当前时间显示器”位置到第00:00:18:00帧位置处，选择“THANKYOU”素材，在“效果控件”面板中展开“运动”。单击“位置”左侧“切换动画”按钮，将“位置”参数值设置为（720.0，540.0），再调整“当前时间显示器”位置到00:00:24:00帧位置处。在“效果控件”面板中将“位置”参数值设置为（-5 073.8，540.0），如图6-16所示。

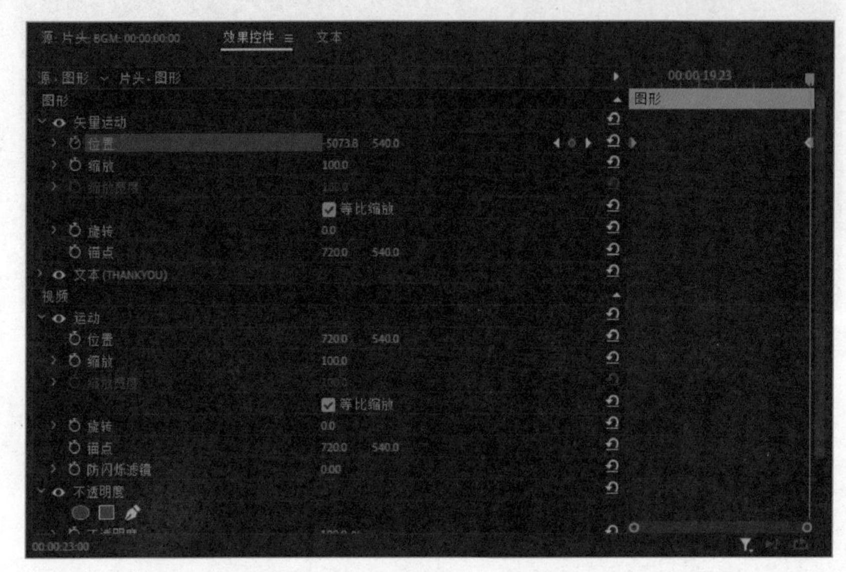

图 6-16　为文字素材 24 s 处设置关键帧

③在“效果”面板中搜索“轨道遮罩键”效果，将该效果拖动到“V1”轨道的“片尾”素材文件上。在“效果控件”面板中选择遮罩“视频3”。效果如图6-17所示。

图 6-17　片尾效果

8. 查看视频效果

单击“节目监视器”面板中的“播放-停止切换”按钮，查看整个视频效果。

9. 保存文件

执行“文件”|“保存”命令，将项目文件“pre6.prproj”保存到指定文件夹中。

10. 导出文件

执行“文件”|“导出”|“媒体”命令，将影片以“pre6.mp4”为文件名输出到指定文件夹中。

11. 最终效果

在视频播放器中打开上述创建的视频文件，浏览最终效果。最终效果如样张“pre6yz.mp4”所示。

六、思考题

（1）如何在项目中加入音频文件？

（2）如何实现声音的淡入淡出效果？

（3）视频过渡、视频效果应如何利用关键帧进行参数设置？

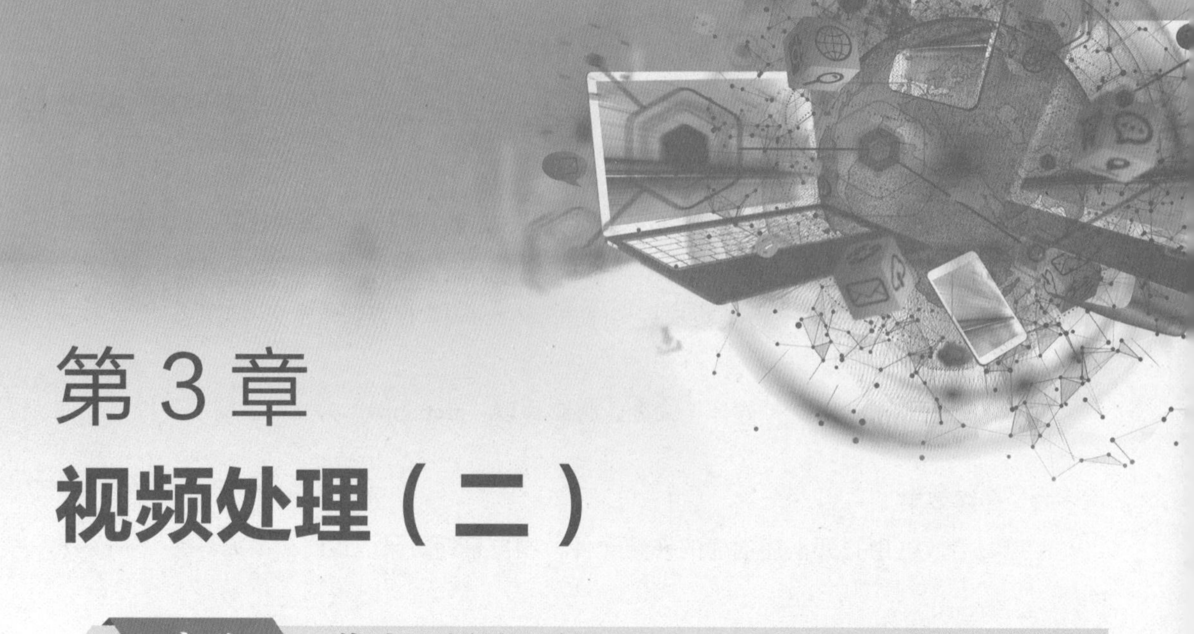

第3章
视频处理（二）

实验7 剪映视频处理软件（一）——基本操作

视频
剪映基本操作

一、实验目的

- 熟悉剪映的工作界面。
- 掌握剪映的基本操作。
- 掌握剪映中视频特效的设置方法。

二、相关知识点

（1）剪映专注于短视频的制作，具有一些专属于短视频创作的功能和特效，例如快速跳转、动态变焦等。支持实时预览编辑效果，并提供方便快捷的分享功能，让用户能轻松分享他们的作品到社交媒体平台。

（2）剪映支持从相册、云端存储等导入多种素材。用户需要了解如何导入视频、图片和音频等素材，并在编辑项目中管理这些素材。

（3）裁剪操作可用于去掉部分视频；分割功能可以将视频切成多个片段；复制和删除可用于重复利用或移除特定片段。

（4）导出时用户需要选择适当的格式、分辨率和质量。分享时要了解如何分享到不同的社交媒体平台或保存到本地设备。

三、实验内容

制作颜色渐变卡点视频。

四、实验要点

- 对音轨中的音乐设置自动踩点。
- 卡点视频素材与踩点音乐匹配。
- 为视频素材添加颜色渐变特效。

五、实验步骤

实验所用的素材存放在“实验\素材\实验7”文件夹中。实验样张存放在“实验\样张\实验7”文件夹中。

1．运行剪映软件，在软件“主页”界面中单击“开始创作”按钮，如图7-1所示。

图 7-1　“主页”界面

2．进入剪映编辑界面，如图7-2所示。

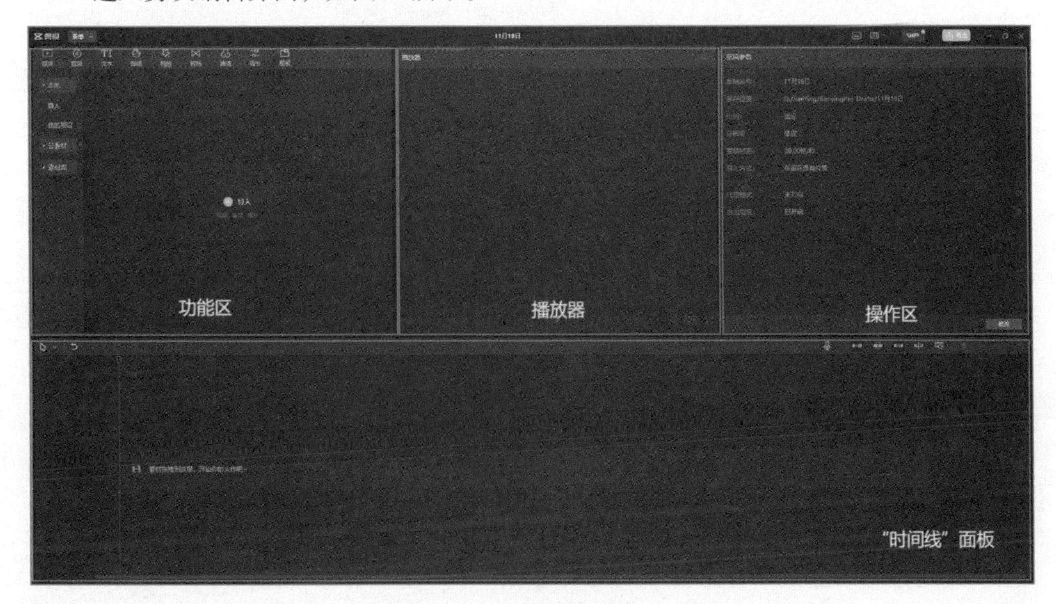

图 7-2　剪映编辑界面

3．单击功能区的“导入”按钮，选中素材文件夹内的“1.mp4”~“4.mp4”和“卡点.mp3”文件后，单击“打开”按钮，将素材导入到“本地”文件中，在功能区中选择视频素材，可在右侧预览窗口中预览视频效果，如图7-3所示。

图 7-3　视频预览

4．单击素材缩略图右下角的蓝色加号，将素材“1.mp4”~“4.mp4”和“卡点.mp3”依次加入轨道中，或者直接将素材拖动至下方时间线轨道的主轨道中，以便对视频进行进一步处理，处理后“时间线”面板如图7-4所示。

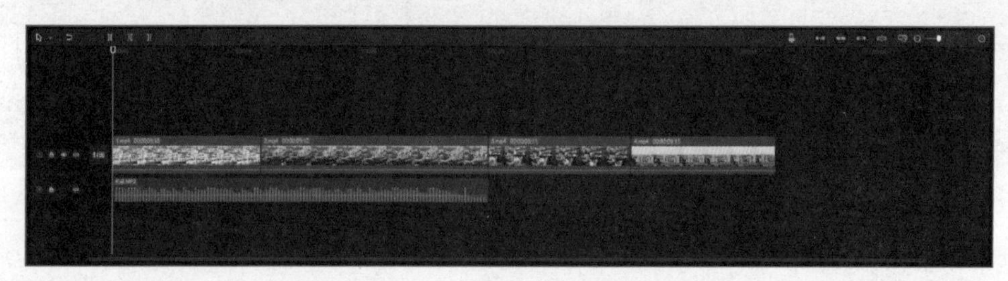

图 7-4　“时间线”面板

5．选择音频轨道中的音乐，单击时间轴上方“自动踩点”按钮，执行“自动踩点”|“踩节拍Ⅰ”命令。执行操作后，即可在“卡点.mp3”素材上自动添加若干个黄色的小圆点，如图7-5所示。

图 7-5　“自动踩点”操作

6．调整素材“1.mp4”的结束位置与第1个黄色小圆点的位置对齐，如图7-6所示。

7．使用相同的方法调整素材“2.mp4”~“4.mp4”的时长，完成后“时间线”面板如图7-7所示。

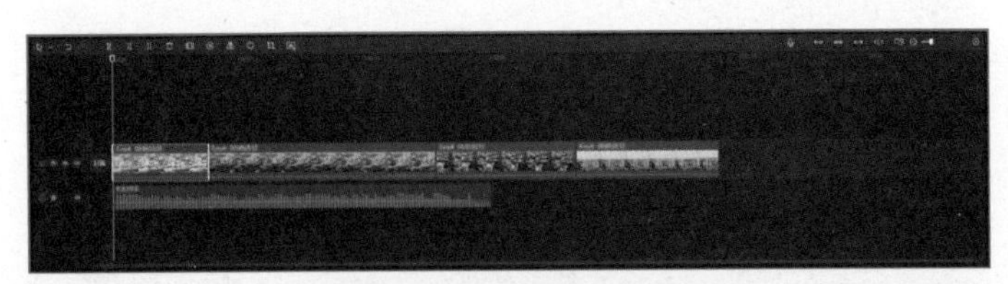

图 7-6　调整视频素材

图 7-7　“时间线”面板

8．拖动时间轴至开始位置处，单击功能区的“特效”按钮，选择“画面特效”|“基础”选项，如图7-8所示。拖动“变彩色”特效到“1.mp4”素材轨道上方，如图7-9所示。

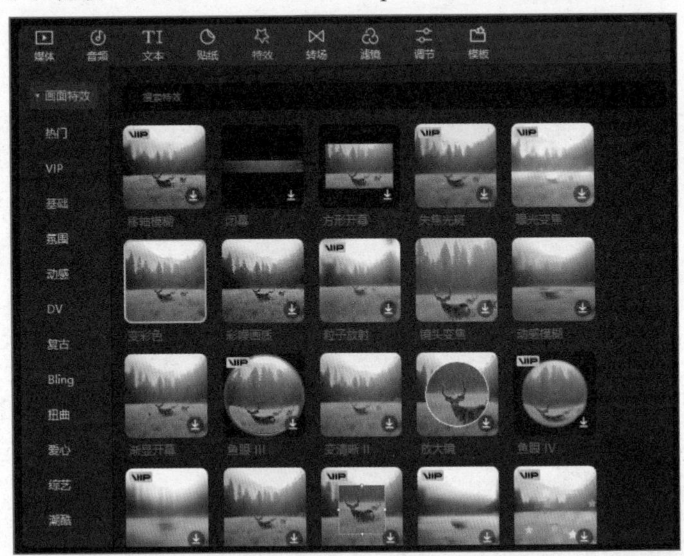

图 7-8　画面特效

图 7-9　添加“变颜色”特效

9．调整特效的时长与第1个素材的时长一致，随后单击工具栏的“复制”按钮，执行操作后，即可复制一个特效，调整第2个特效的时长与第2个素材的时长一致，使用相同的操作方法在第3个和第4个素材下方添加两个“变彩色”特效，并调整特效时长与素材的时长一致，完成后“时间线”面板如图7-10所示。

图 7-10　“时间线”面板

10．单击“播放器”面板中的“播放-停止切换”按钮，查看整个视频效果。

11．单击“导出”按钮，弹出“导出”对话框。如图7-11所示设置相关参数和输出的视频文件所保存的文件夹及文件名。单击“导出”按钮，输出视频文件“pre7.mp4”。

图 7-11　“导出设置”对话框

12．导出完成后，窗口会显示“发布视频，让更多人看到你的作品吧！”，可以直接将视频分享至西瓜视频或抖音平台，如图7-12所示。

图 7-12　发布视频

13．在视频播放器中打开上述创建的视频文件，浏览最终效果。最终效果如样张“pre7yz.mp4”所示。

六、思考题

（1）选择一个场景，描述你是如何确定卡点的位置和内容的。

（2）在使用剪映软件时，最常用的基本操作有什么？有没有什么快捷键或技巧能够提高操作效率？

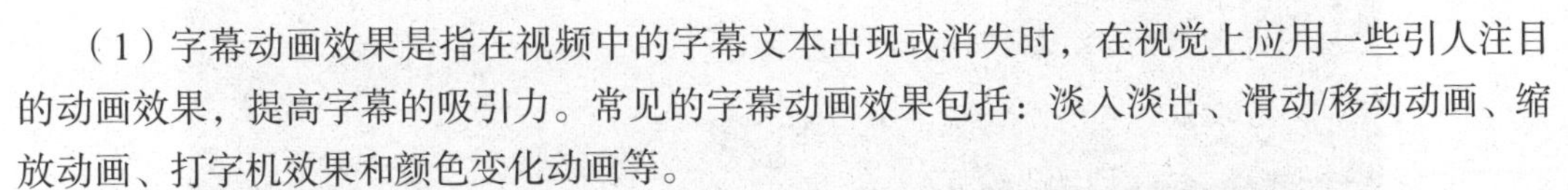

实验 8　剪映视频处理软件（二）——视频加字幕及配音

视　频

剪映为视频加字幕及配音

一、实验目的

- 掌握剪映软件中字幕的制作方法。
- 掌握剪映软件中字幕属性的设置方法。
- 掌握剪映软件中音频属性的设置方法。

二、相关知识点

（1）字幕动画效果是指在视频中的字幕文本出现或消失时，在视觉上应用一些引人注目的动画效果，提高字幕的吸引力。常见的字幕动画效果包括：淡入淡出、滑动/移动动画、缩放动画、打字机效果和颜色变化动画等。

（2）背景音乐是指在影视、广播、视频制作或其他多媒体项目中，用于营造氛围、增强情感色彩、衬托场景的音乐，主要目的是提供一种情感上的支持，使观众更好地理解和感受作品。这类音乐通常用于作为主要内容的补充，而不是作为主导音频。

三、实验内容

为视频添加字幕及配音。

四、实验要点

- 为视频添加字幕并设置字幕格式。
- 搜索添加音效素材，截取合适长度。
- 视频导出为MP4格式。

五、实验步骤

实验所用的素材存放在“实验\素材\实验8”文件夹中。实验样张存放在“实验\样张\实验8”文件夹中。

1. 运行剪映软件，在软件“主页”界面中单击“开始创作”按钮，在编辑界面单击功能区的“导入”按钮，选中素材文件夹内的“海鸥.mp4”文件后，单击“打开”按钮，将素材导入到“本地”文件中，如图8-1所示。

图 8-1　剪映编辑界面

2. 单击素材缩略图右下角的蓝色加号，将素材“海鸥.mp4”加入下方时间线轨道的主轨道中，如图8-2所示。

图 8-2　添加素材

3．单击功能区“文本”按钮，展开“新建文本”|“默认”选项，拖动“默认文本”到“海鸥.mp4”素材轨道上方，时长设置为5 s，在“默认文本”框中输入文本内容“落日余晖”。如图8-3所示。

图 8-3　添加文本素材

4．选中该文本框，单击操作区“文本”按钮，设置字体格式为古印宋简，字号为15，颜色为白色。如图8-4所示。

图 8-4　设置文本素材属性

5．选中该文本框，单击操作区“动画”按钮，展开“入场”选项区并选择“向上滑动”动画效果，拖动操作区下方的“动画时长”滑块，将动画的持续时长设置为1.1 s，如图8-5所示。

6．展开“出场”选项区并选择“打字机Ⅱ”动画效果，拖动操作区下方的“动画时长”

滑块，将动画的持续时长设置为1.6 s，如图8-6所示。

图 8-5　设置入场动画

图 8-6　设置出场动画

7．在“播放器”区域中拖动文本框，调整文字位置，如图8-7所示。

图 8-7　调整文本到合适位置

8．单击功能区“音频”|“音效素材”按钮，在搜索栏输入关键词“海鸥的叫声”，下载并使用相关音效，如图8-8所示。

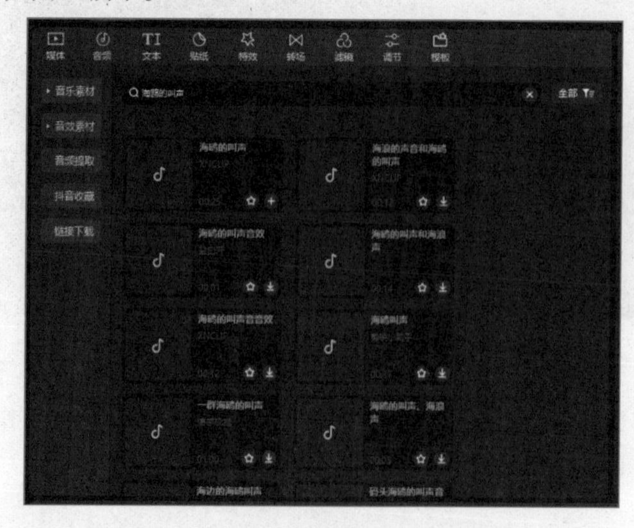

图 8-8　搜索“海鸥的叫声”音效素材

9．执行操作后，即可在音频轨道上添加音效，如图8-9所示。

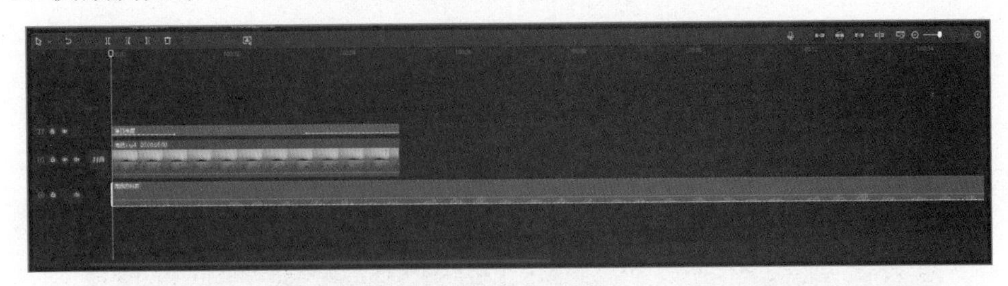

图 8-9 添加音效

10．拖动时间轴至视频结尾处，选择音频轨道的音效，单击分割按钮II，选择分割后的第2段音频；单击“删除”按钮，删除多余的音频，如图8-10所示。

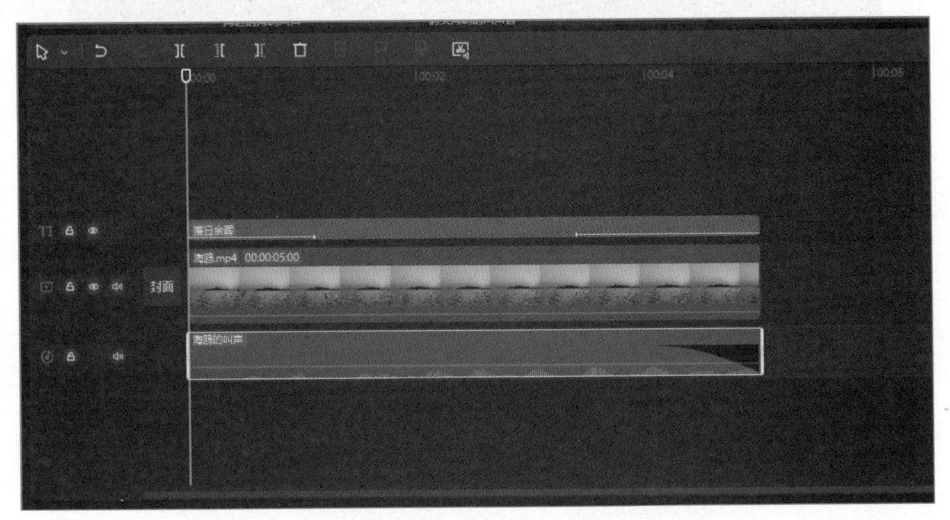

图 8-10 对音效素材进行分割和删除操作

11．选择剩下的音频，单击操作区“基础”按钮，设置淡出时长为1.0 s，如图8-11所示。

图 8-11 设置音效素材属性

12．单击“播放器”面板中的“播放-停止切换”按钮，查看整个视频效果。

13．单击“导出”按钮，弹击“导出”对话框。如图8-12所示，设置相关参数和输出的视频文件所保存的文件夹和文件名，单击“导出”按钮，输出视频文件“pre8.mp4”。

图 8-12　剪映导出界面

14．在视频播放器中打开上述创建的视频文件，浏览最终效果。最终效果如样张“pre8yz.mp4”所示。

六、思考题

（1）字幕的样式和设计对于视频整体呈现有何影响？如何考虑字幕的样式与视频风格的匹配性？

（2）淡入和淡出效果是如何用来平滑过渡音频的？这种处理方式对观众的听觉体验有何影响？

实验 9　剪映视频处理软件（三）——视频特效和滤镜

一、实验目的

- 掌握剪映软件中向视频素材添加视频特效的方法。
- 掌握剪映软件中滤镜的设置方法。

- 掌握剪映软件中“放映滚动”特效的制作方法。
- 掌握剪映软件中“胶片”特效的制作方法。

剪映为视频加特效和滤镜

二、相关知识点

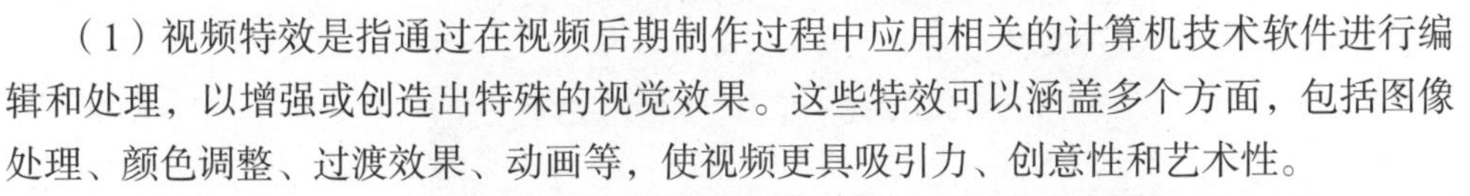

（1）视频特效是指通过在视频后期制作过程中应用相关的计算机技术软件进行编辑和处理，以增强或创造出特殊的视觉效果。这些特效可以涵盖多个方面，包括图像处理、颜色调整、过渡效果、动画等，使视频更具吸引力、创意性和艺术性。

（2）视频滤镜是一种用于改变视频图像显示效果的方法，滤镜可以调整视频的颜色、对比度、亮度等属性，从而产生不同的视觉效果。视频滤镜通过运用视频编辑软件或应用程序，以增加美感和故事性，达到特定的艺术或创意目的。

三、实验内容

为素材添加视频特效和滤镜。

四、实验要点

- 为视频素材选择添加合适的特效和滤镜。
- 制作时间快速跳转视频。

五、实验步骤

实验所用的素材存放在“实验\素材\实验9”文件夹中。实验样张存放在“实验\样张\实验9”文件夹中。

1. 运行剪映软件，在软件“主页”界面中单击“开始创作”按钮，在编辑界面单击功能区的“导入”按钮，选中素材文件夹内的“shu.mp4”文件后，单击“打开”按钮将素材导入到“本地”文件中，单击素材缩略图右下角的蓝色加号，将素材“shu.mp4”加入至下方时间线轨道的主轨道中，如图9-1所示。

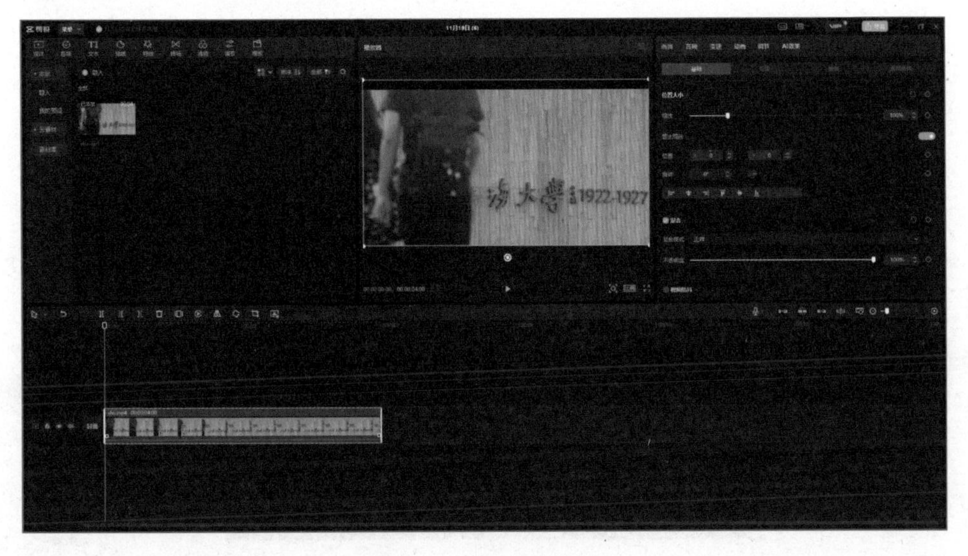

图 9-1 剪映工作界面

2．在“特效”功能区的“复古”选项卡中，单击“胶片IV”特效中“添加到轨道”按钮，如图9-2所示。

图 9-2　为素材添加“胶片 IV”特效

3．将“胶片IV”特效添加到特效轨道后，调整特效时长与视频时长一致，如图9-3所示。

图 9-3　添加“胶片 IV”特效后的“时间线”面板

4．在“特效”功能区“复古”选项卡中单击“放映滚动”特效中“添到轨道”按钮，如图9-4所示。

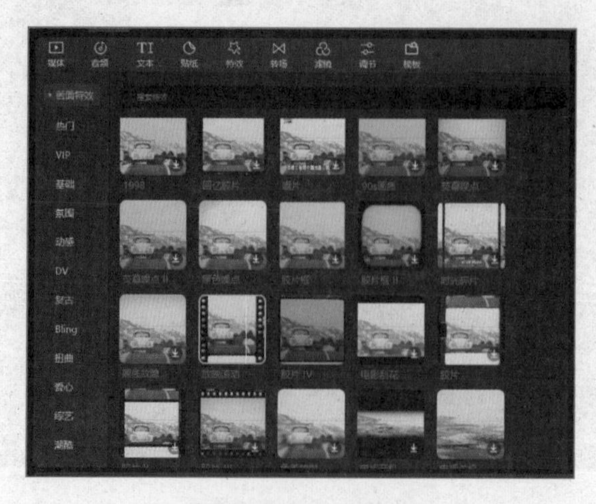

图 9-4　为素材添加“放映滚动”特效

5. 执行操作后，即可将“放映滚动”特效添加到特效轨道中，如图9-5所示。

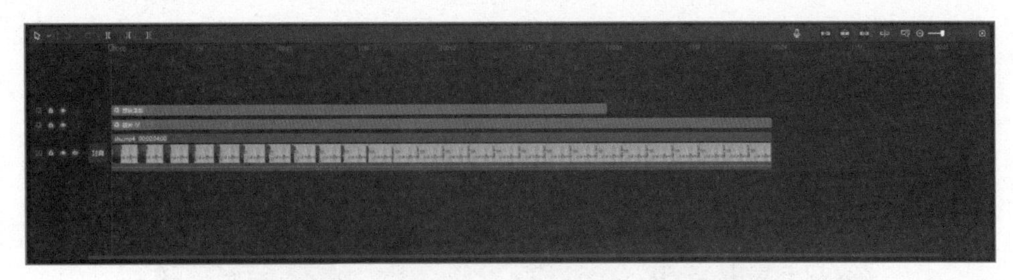

图 9-5 添加“放映滚动”特效后的“时间线”面板

6. 在“文本”功能区中单击“默认文本”中“添加到轨道”按钮，在字幕轨道上添加一个默认文本，调整文本时长为4 s，如图9-6所示。

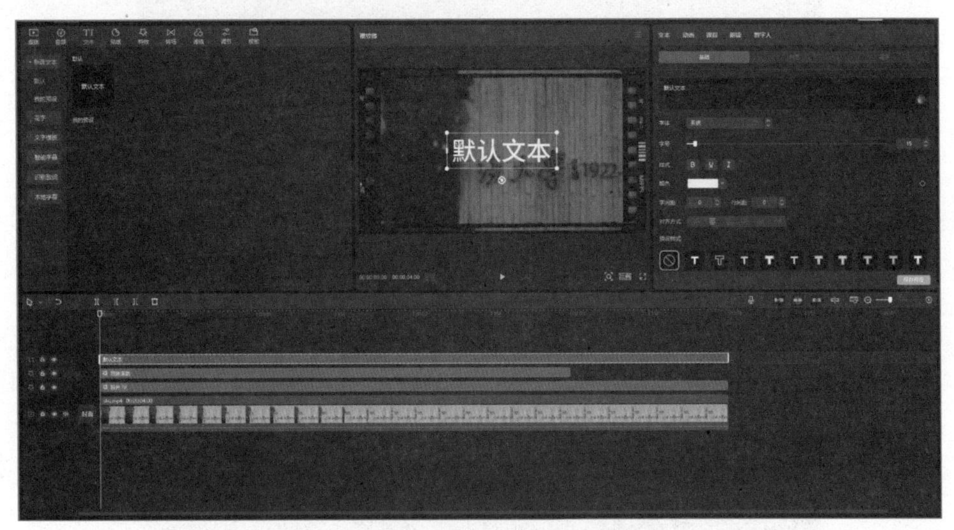

图 9-6 添加默认文本

7. 在“文本”操作区的“基础”选项卡中，输入文本内容“20 年6月”；设置字体为惊鸿体、颜色为橙色，在“排列”选项区中设置“字间距”参数为1，如图9-7所示，将字与字之间的距离稍微拉开一些。

图 9-7 设置文本属性

8．在“动画”操作区的“入场”选项卡中，选择“放大”动画，设置“动画时长”参数为0.2 s，如图9-8所示。

图 9-8　设置入场动画

9．在“出场”选项卡中，选择“放大”动画，设置“动画时长”参数为0.5 s，如图9-9所示。

图 9-9　设置出场动画

10．复制制作好的文本，将其粘贴至第2条字幕轨道中，如图9-10所示。

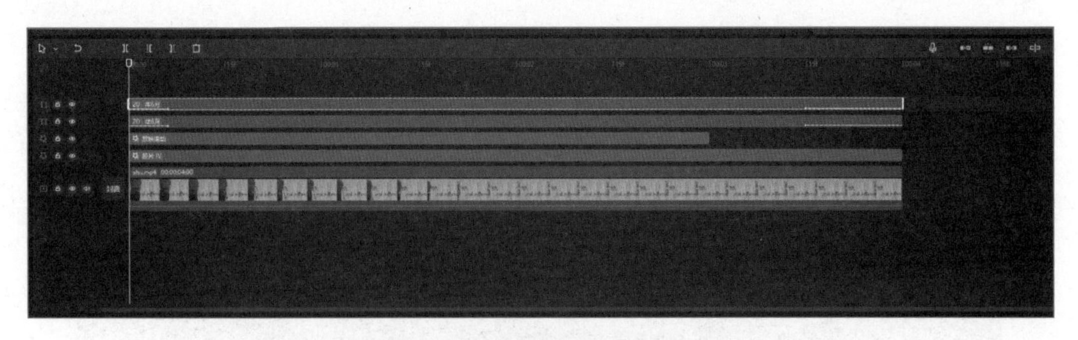

图 9-10 复制文本后的“时间线”面板

11．放大时间预览长度，使时间线面板中的时间标尺可以显示3f，拖动时间指示器至入场动画的结束位置处（即第00:00:00:06帧位置处，也就是时间标尺上显示6f的位置），单击“分割”按钮，将文本分割为两段，选择分割后的前一段文本，单击“删除”按钮，如图9-11所示。

图 9-11 删除文本后的“时间线”面板

12．执行操作后，选择剩下的文本，在“文本”操作区“基础”选项卡中，修改文本内容为23，修改颜色为白色，如图9-12所示。

图 9-12 设置文本属性

13．设置“位置”X参数为-240，Y参数为0，使文本置于橙色文本中空白位置，字幕显示“2023年6月”，如图9-13所示。

图 9-13　设置文本位置

14．将时间指示器拖动至第00:00:00:15帧的位置处，也就是时间标尺15f的位置，单击“分割”按钮，将文本再次分割，如图9-14所示。

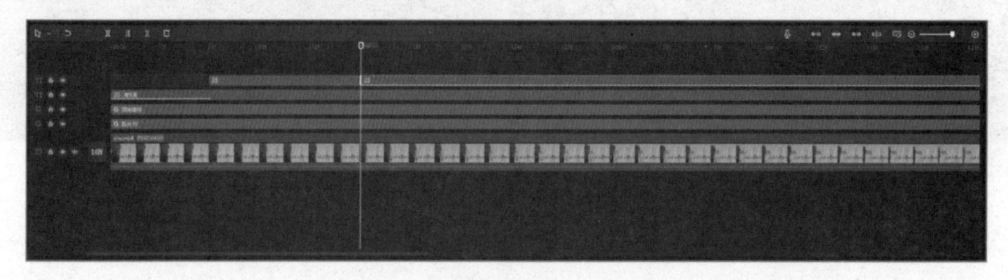

图 9-14　对文本素材进行分割

15．选择分割后的第2段文本，在“文本”操作区的“基础”选项修改文本内容为22，如图9-15所示，此时画面中的字幕显示“22年6月”，即时间向后倒退了一年。

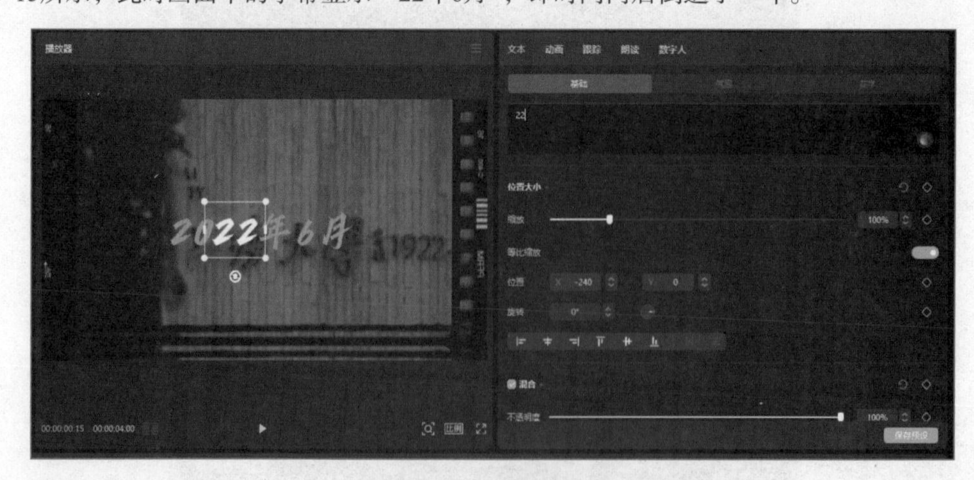

图 9-15　修改文本内容

16．使用相同的方法，将时间指示器拖动至第00:00:00:27帧的位置处，也就是时间标尺上显示27f的位置，再次分割文本并修改文本内容为21。使用相同的操作方法，每隔12帧将文本分割一次，并分别修改文本为20、19、18、17、16，效果如图9-16所示，将时间从2023年6月一直倒退到2016年6月。

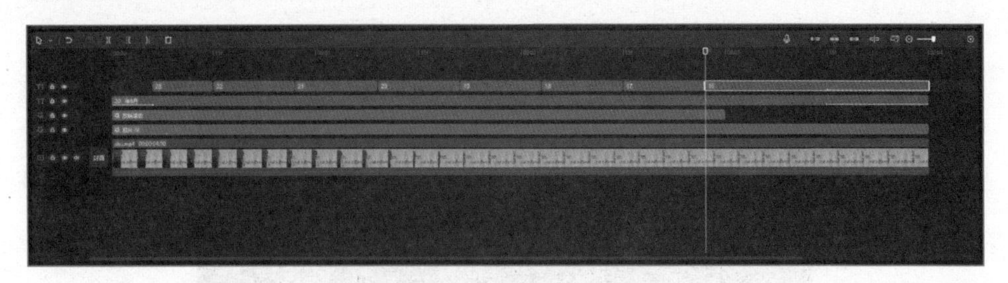

图 9-16 “时间线”面板

17．选择数字为23的文本，在“动画”操作区的“入场”选项卡中选择“向上滑动”动画，设置“动画时长”参数为0.3 s，为文本添加向上滑动的入场动画效果，如图9-17所示。

图 9-17 添加入场动画

18．使用相同的方法，分别为后面数字为22、21、20、19、18、17、16的文本添加“向上滑动”入场动画，并设置“动画时长”参数为默认时长，如图9-18所示。执行上述操作后，即可制作时间快速跳转文字动画效果。

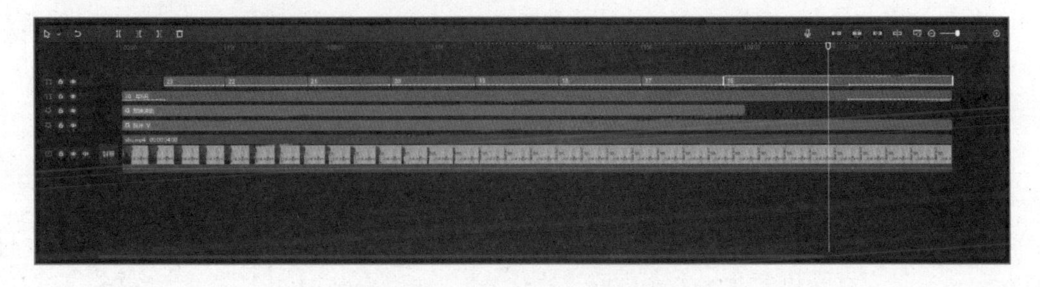

图 9-18 为每段素材添加入场动画

19．将时间指示器拖动至开始位置，在“音频”功能区“音效素材”选项卡中搜索音效“投影仪放映声音音效”，在“投影仪放映声音音效”上单击“添加到轨道”按钮，如图9-19所示。

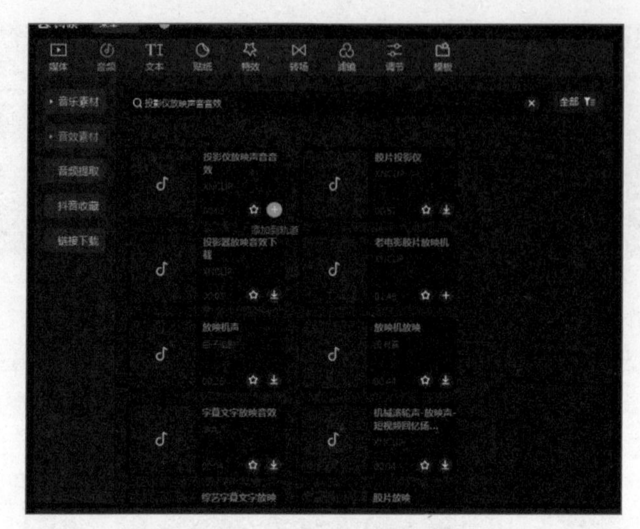

图 9-19　添加音效素材

20．执行操作后，即可在音频轨道上添加一段音效，如图9-20所示。

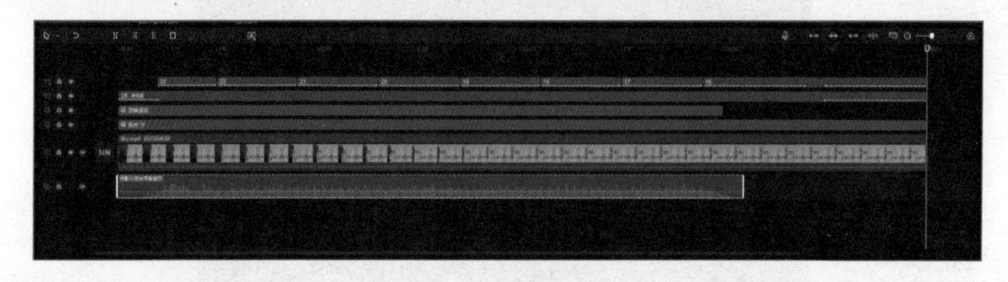

图 9-20　“时间线”面板

21．单击“播放器”面板中的“播放-停止切换”按钮，查看整个视频效果。

22．单击“导出”按钮，弹出“导出”对话框，单击“导出”按钮，输出视频文件“pre9.mp4”。

23．在视频播放器中打开上述创建的视频文件，浏览最终效果。最终效果如样张“pre9yz.mp4”所示。

六、思考题

（1）本实验为何选择了“胶片 IV”等特定视频特效？这些特效如何在视觉效果和整体氛围上对视频产生影响？

（2）为素材添加“放映滚动”特效的作用是什么？

（3）使用“胶片 IV”特效制作胶片效果，这个效果如何与视频整体氛围相协调？胶片效果在表达特定情感或主题方面有何优势？

（4）选择“投影仪放映声音音效”的原因是什么？这个音效在视频中的应用是否得当？如何确保音效与视频其他元素协调一致？

实验 10 剪映视频处理软件（四）——综合实例

一、实验目的

视 频
剪映综合实例

- 掌握剪映软件中的基本操作。
- 掌握剪映软件中字幕的设置方法。
- 掌握剪映软件中配音的设置方法。
- 掌握剪映软件中视频特效和滤镜的设置方法。

二、相关知识点

（1）Vlog是Video Blog（视频博客）的缩写，Vlog视频是一种通过视频形式记录和分享日常生活、个人经历、见闻等内容的表达方式。Vloggers（视频博主）通过拍摄和编辑视频来传达他们的观点、故事和生活片段，与观众建立连接。

（2）贴纸的添加是一项通过在视频中添加图像、文字或动画效果，来增添视频趣味和创意元素的技术。这些贴纸可以在视频剪辑过程中被嵌入，为内容提供更加生动活泼的视觉效果。

三、实验内容

制作旅行风光Vlog视频。

四、实验要点

- 视频时长调整和片段剪辑的操作方法。
- 添加字幕和进行配音设置。
- 视频特效与滤镜的应用。
- 添加文本和贴纸特效。
- 综合运用剪映软件中的各项功能，制作旅行风光Vlog视频。

五、实验步骤

实验所用的素材存放在“实验\素材\实验10”文件夹中。实验样张存放在“实验\样张\实验10”文件夹中。

1. 运行剪映软件，在软件“主页”界面中单击“开始创作”按钮，在编辑界面单击功能区“导入”按钮，选中并打开素材文件夹内的“1.mp4”~“5.mp4”文件后，将素材导入到“本地”文件中，单击素材缩略图右下角的蓝色加号，将素材“1.mp4”~“5.mp4”加入至下方时间线轨道的主轨道，以便对视频进行进一步处理，如图10-1所示。

2. 通过拖动素材右侧的白色拉杆的方式，将第1个视频的时长调为5 s、将第2个视频的时长调整为3 s、将第3个视频的时长调整为2 s、将第4个视频的时长调整为2 s、将第5个视频的时长调整为3 s，如图10-2所示。

3. 将时间指示器拖动至第1个视频与第2个视频之间，在“转场”功能区“运镜”选项卡中单击“吸入”转场中的“添加到轨道”按钮，即可在两个视频片段之间添加一个“吸入”

转场，如图10-3所示。

图 10-1　剪映工作界面

图 10-2　设置素材时间长度

图 10-3　添加“吸入”转场效果

4．将时间指示器拖动至第2个视频与第3个视频之间，在“转场”功能区“运镜”选项卡中单击“向左”转场“添加到轨道”按钮，即可添加一个“向左”转场，如图10-4所示。

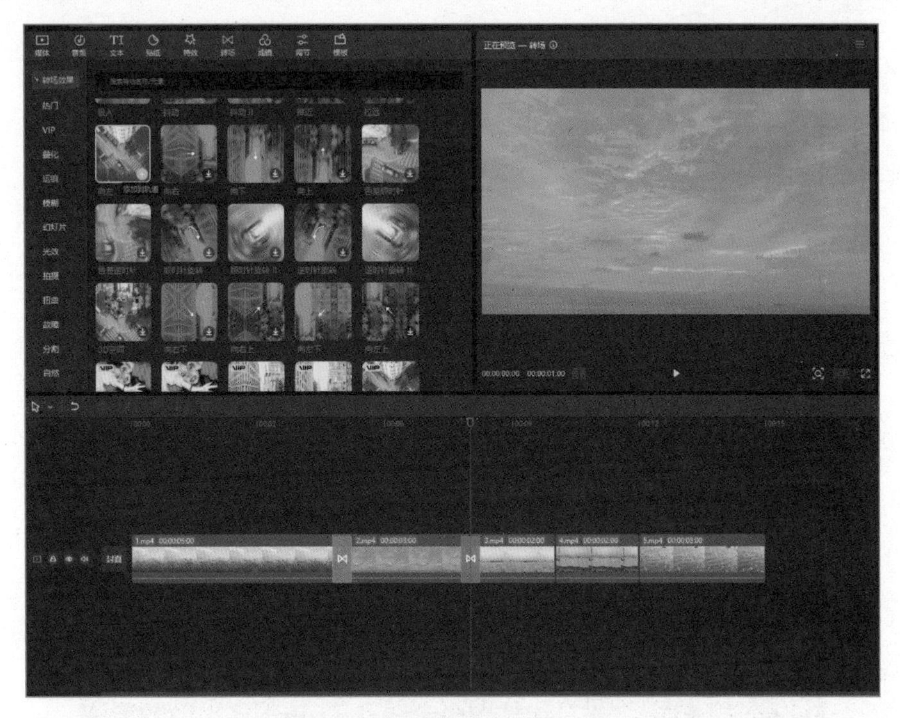

图 10-4 添加“向左”转场效果

5．使用相同的方法在视频轨道中继续添加一个“向左下”和“逆时针旋转Ⅱ”转场，如图10-5所示。

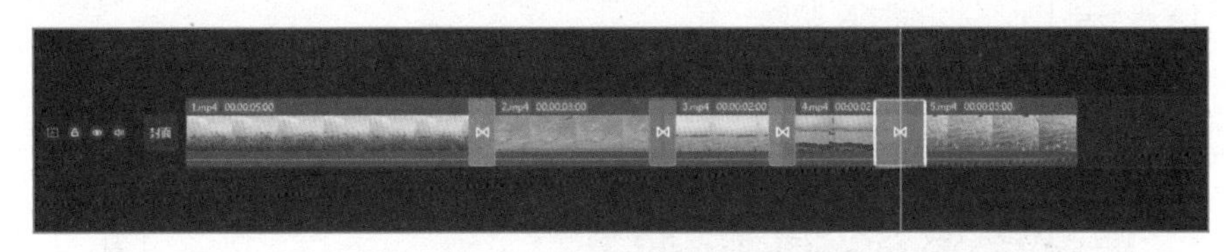

图 10-5 添加其他转场效果

6．在“调节”功能区中单击“自定义调节”|“添加到轨道”按钮，在视频上方添加“调节1”效果，并调整其时长和视频长度一致，如图10-6所示。

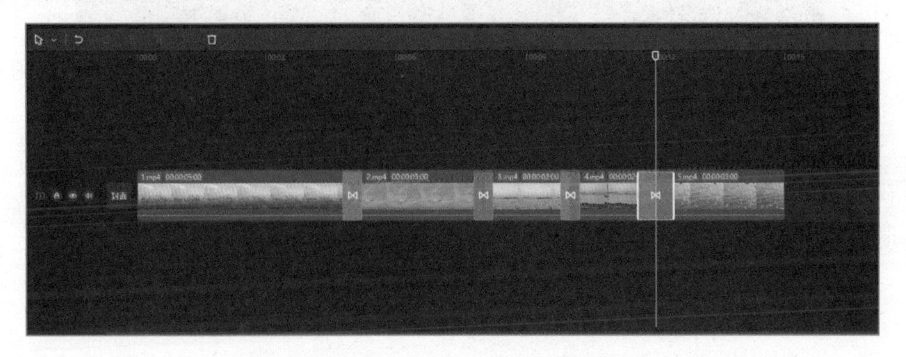

图 10-6 添加“自定义调节”

7．在“调节”操作区中设置饱和度为22，对比度为10，高光为-6，阴影为10，光感为-5，如图10-7所示。

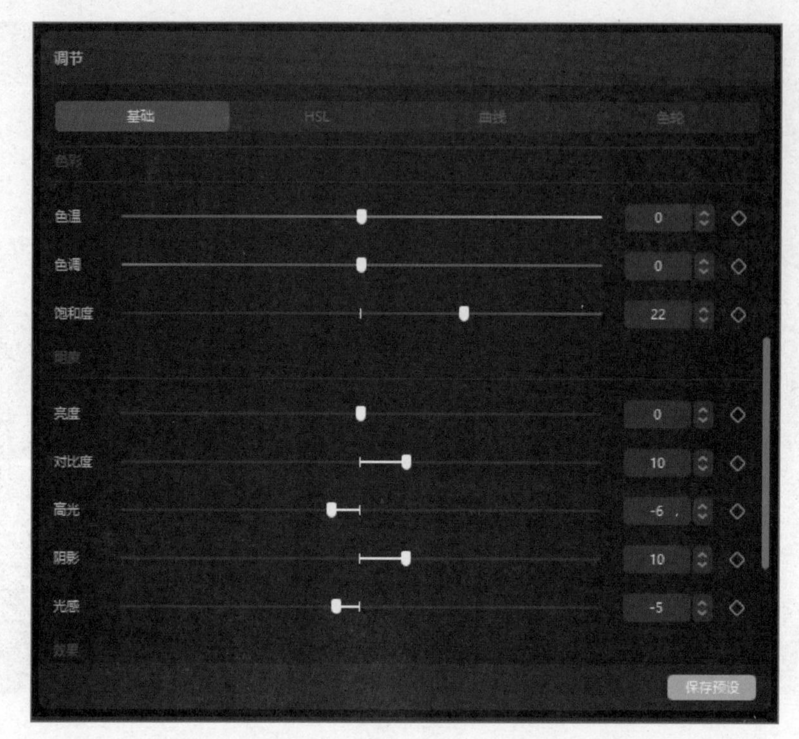

图 10-7　设置“调节 1”参数

8．在开始位置处添加一个默认文本，如图10-8所示。通过拖动白色拉杆的方式调整文本的时长，使其与第1个视频的时长保持一致。

图 10-8　添加默认文本

9．在“文本”操作区“基础”选项卡中，输入文本内容“旅行日记”，设置字体为悠然体，字号为28，颜色为白色，字间距为5，如图10-9所示。

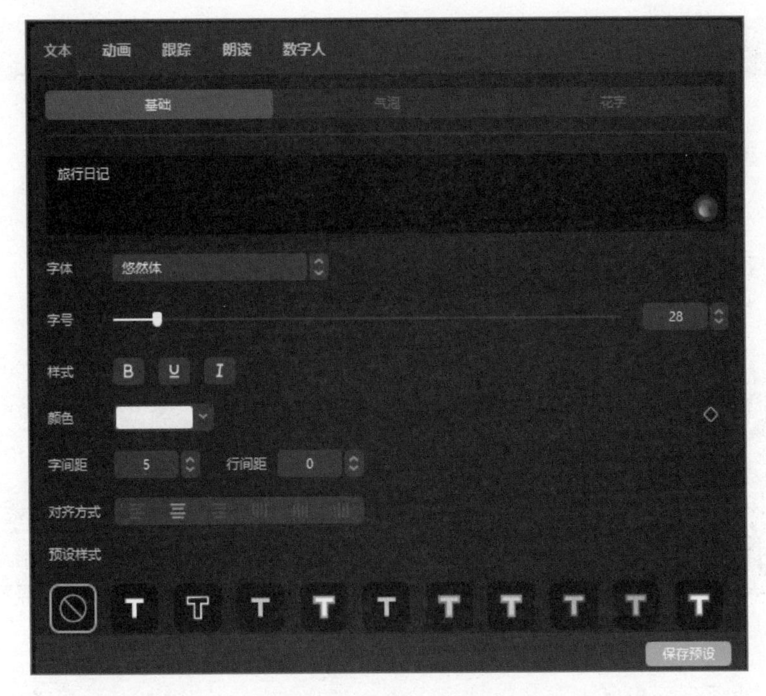

图 10-9 设置文本参数

10．在“描边”选项区中，勾选“描边”复选框，设置颜色为浅蓝色，粗细为18，如图10-10所示。

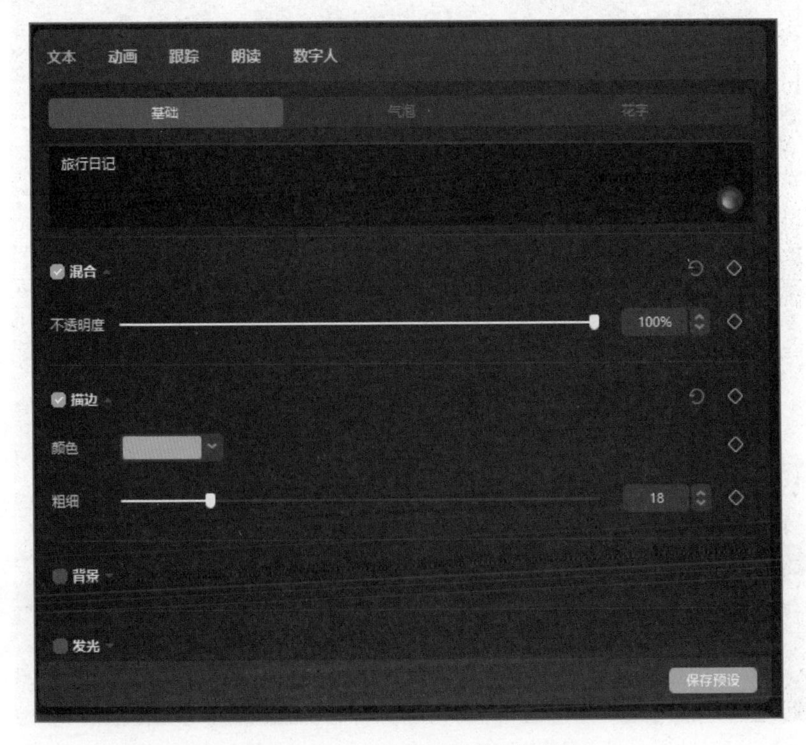

图 10-10 设置文本“描边”参数

11．在预览窗口中可以查看制作的文本效果，如图10-11所示。

图 10-11　文本效果

12．在“动画”操作区“入场”选项卡中，选择“溶解”动画，设置动画时长参数为1.5 s，在“动画”操作区“出场”选项卡中，选择“向上溶解”动画，设置动画时长参数为1.0 s，如图10-12所示。

图 10-12　添加入场、出场动画

13．将时间指示器移至5 s位置处，在“贴纸”功能区“旅行”选项卡中，单击“旅途中”|“添加到轨道”按钮，即可添加一个贴纸，调整其时长与第2个视频的时长一致，如图10-13所示。

图 10-13 添加贴纸

14．在“贴纸”操作区中调整“旅途中”贴纸的大小和位置，设置“位置”的参数为（-1 339，700），“缩放”的参数为34%，在“贴纸”操作区点亮“位置”右侧的关键帧，如图10-14所示，在贴纸的开始位置添加一个关键帧。

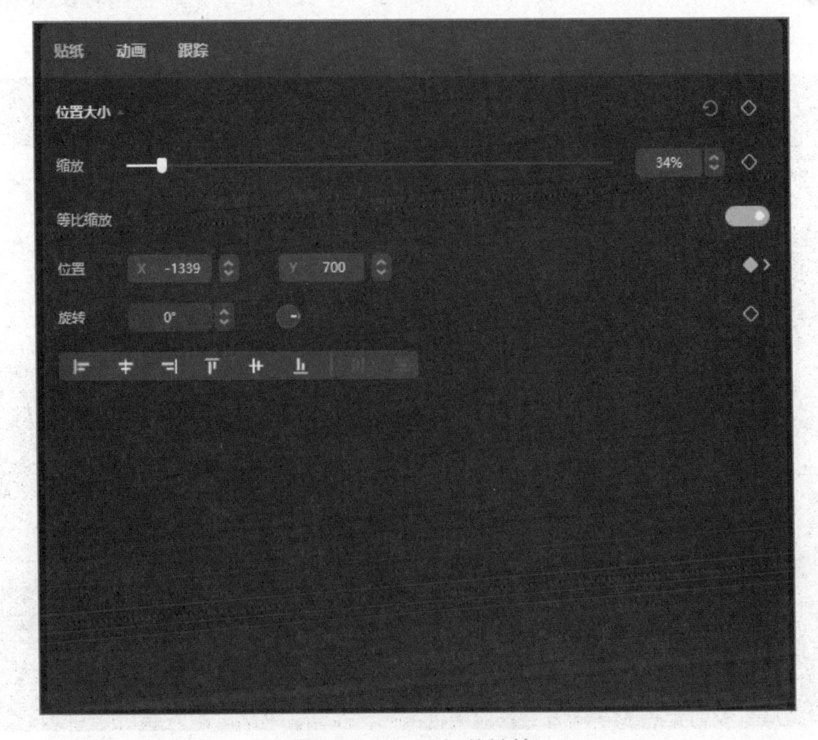

图 10-14 添加关键帧

15．拖动时间指示器至第00:00:08:00帧的位置处，在“贴纸”操作区中修改“位置”的参数为（1 424，700），如图10-15所示，此时“位置”右侧的关键帧会自动点亮。

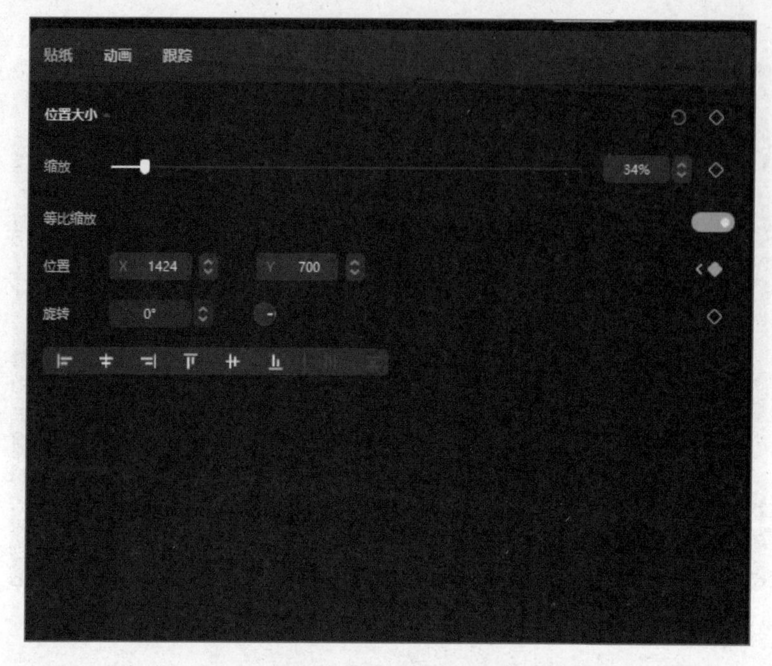

图 10-15　修改关键帧

16．将时间指示器拖动至第4个视频的开始位置，在“贴纸”功能区的热门选项卡中单击“太阳”贴纸中的“添加到轨道”按钮，即可添加一个太阳贴纸，调整其时长与第4个视频的时长一致，如图10-16所示。

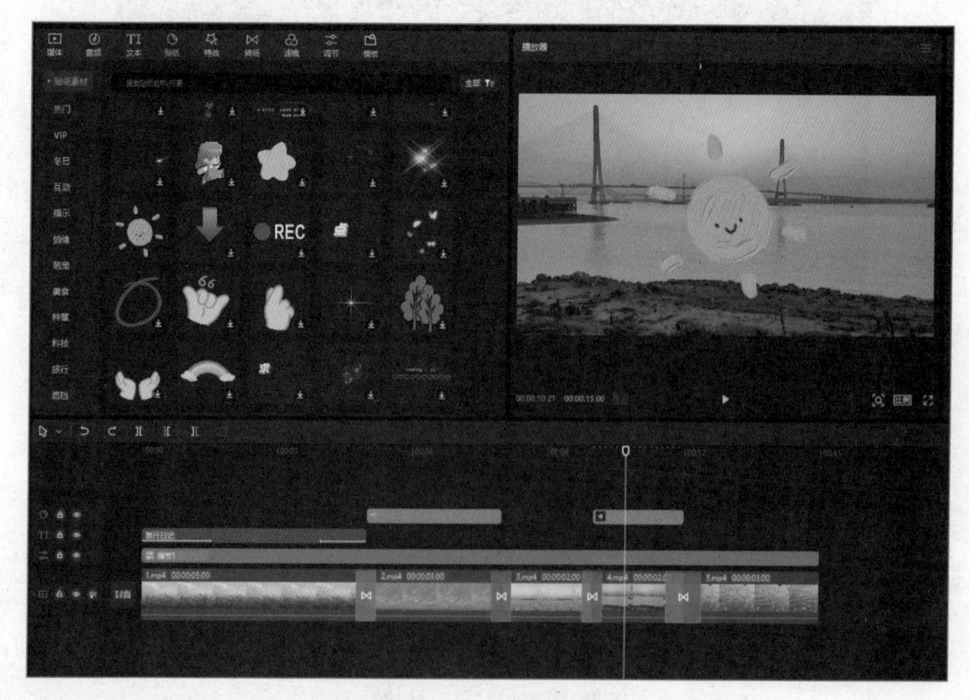

图 10-16　添加“太阳”贴纸

17. 将时间指示器拖动至第5个视频的开始位置，在“贴纸”功能区“旅行”选项卡中单击“旅途未完待续”文字贴纸中的“添加到轨道”按钮，即可添加一个文字贴纸，调整其时长与第5个视频的时长一致，如图10-17所示。

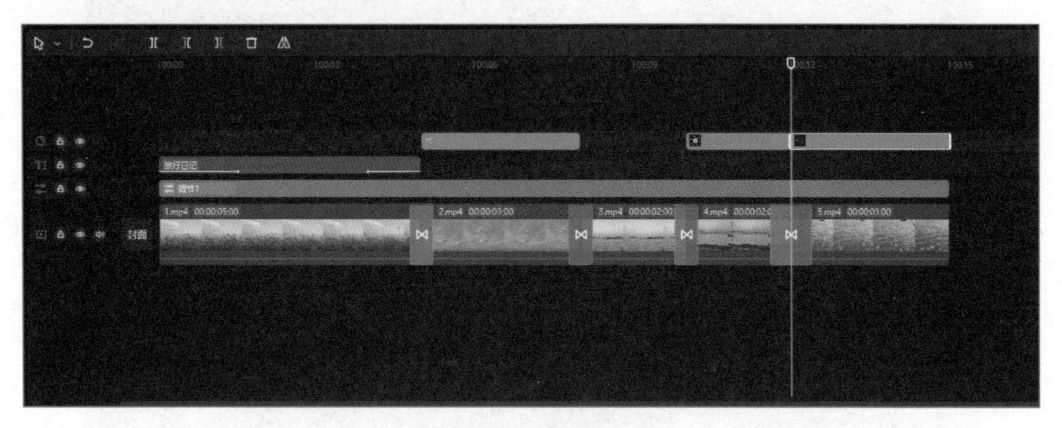

图 10-17 添加其他贴纸

18. 贴纸添加完成后，在预览窗口中分别调整两个贴纸的大小和位置，如图10-18和图10-19所示。

图 10-18 调整“太阳”贴纸大小和位置

图 10-19 调整文字贴纸大小和位置

19．将时间指示器拖动至开始位置，在“特效”功能区“基础”选项卡中单击“开幕”特效中的“添加到轨道”按钮，即可添加一个“开幕”特效，如图10-20所示。

图 10-20　添加视频特效

20．将时间指示器拖动至开始位置，在“音频”功能区的“音乐素材”选项卡中搜索音乐“旅行记vlog”，在“旅行记vlog”上单击“添加到轨道”按钮，如图10-21所示。

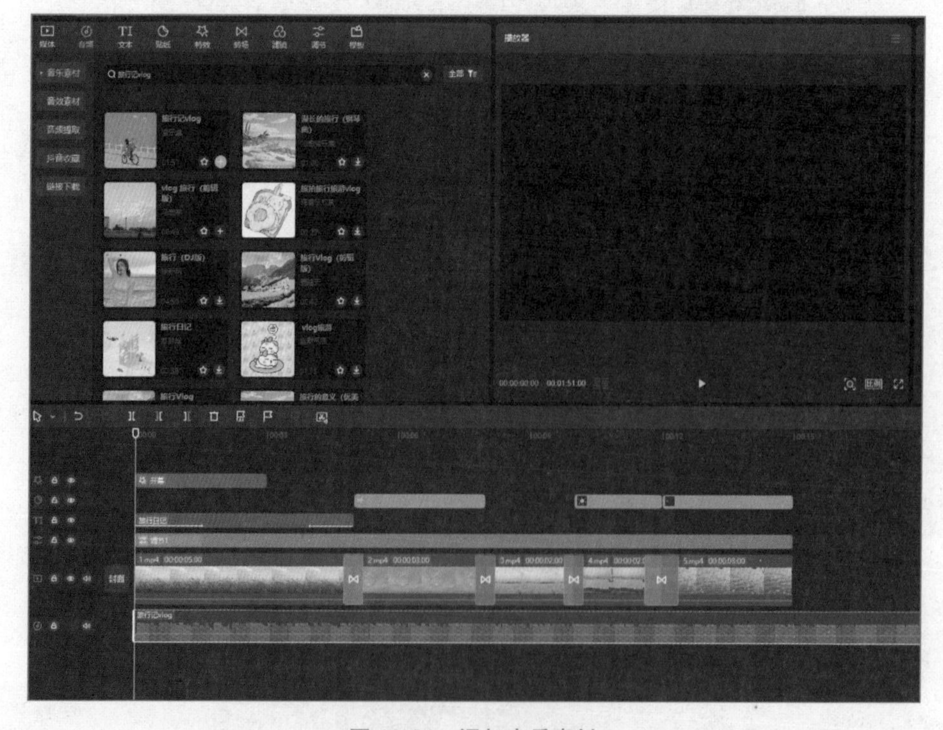

图 10-21　添加音乐素材

21. 执行操作后，即可在音频轨道上添加一段音效，将时间指示器拖动至视频结束位置，选择音乐素材，在“时间线”面板上单击“分割”按钮，删除分割后的第二段音乐素材。“时间线”面板最终效果如图10-22所示。

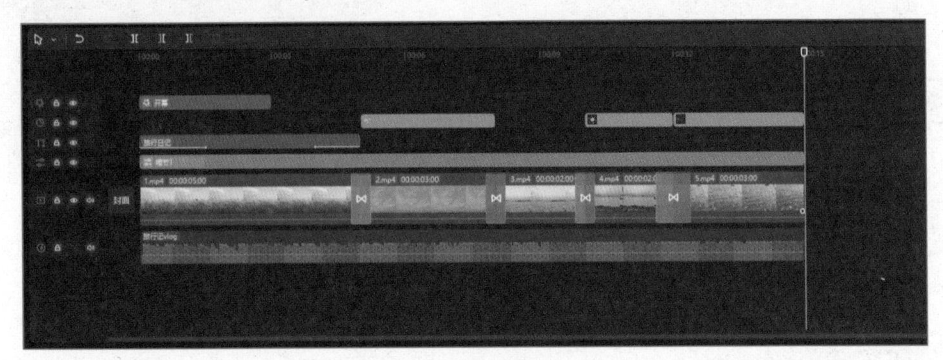

图 10-22 “时间线”面板

22. 单击“播放器”面板中的“播放-停止切换”按钮，查看整个视频效果。

23. 单击“导出”按钮，弹出“导出”对话框，单击“导出”按钮，输出视频文件“pre10.mp4”。

24. 在视频播放器中打开上述创建的视频文件，浏览最终效果。最终效果如样张“pre10yz.mp4”所示。

六、思考题

（1）视频剪辑过程中如何调整各个片段的时长？为什么要进行时长调整，这对整体叙事结构有何影响？

（2）如何协调文本与视频内容的关系？

（3）在调节功能区中设置了一系列参数，包括饱和度、对比度等。这样的调色和效果处理对视频整体表现有何影响？

第 4 章
数字图像处理

实验 11 Photoshop 2024 图像处理软件（一）——制作证件照

视 频

PS制作证件照

一、实验目的

- 熟悉Photoshop 2024的工作界面。
- 掌握图像文件的创建与保存。
- 了解选区的概念。
- 掌握工具箱中图框工具、裁剪工具等的使用。

二、相关知识点

（1）图像文件格式：Photoshop图像处理软件支持多种文件格式，常用的有PSD格式、JPG格式和GIF格式。PSD格式是Photoshop默认的图像文件格式，这种格式文件的扩展名为“.psd”。它不仅支持所有的色彩模式，而且可保存Photoshop的所有工作状态，包括图层、通道和蒙版等数据信息。

（2）画布：画布是指当前操作的图像的窗口，画布大小决定了图像的可编辑区域。在Photoshop中，不仅可以改变画布的大小，而且可以对画布进行任意角度的旋转。

（3）图像选区：选区是由流动的虚线围成的区域。利用工具箱中的选框工具、套索工具等可以创建选区，还可以使用“选择”菜单中的命令对创建好的选区进行编辑处理。

（4）裁剪图像：利用工具箱中的裁剪工具可以裁剪图像，使用裁剪工具不仅可以自由控制裁剪的大小和位置，还可以进行旋转。当然也可以先用选取工具选择要裁剪的区域，然后执行“图像”|“裁剪”命令裁剪图像。

三、实验内容

将人物正面彩色电子照片制作成彩色证件照。

四、实验要点

- 截取人物正面并更换背景。
- 设置标准尺寸及定义图案。

- 填充图案并制作证件照联排效果。
- 保存输出为JPEG格式。

五、实验步骤

实验所用的素材存放在“实验\素材\实验11”文件夹中，实验样张存放在“实验\样张\实验11”文件夹中。

1. 打开文件

启动Photoshop 2024程序，执行“文件” | “打开”命令，弹出“打开”对话框，选择素材文件夹中的“photo.jpg”文件，单击“打开”按钮，如图11-1所示。

图 11-1 Photoshop 工作界面

2. 用裁剪工具截取人物正面

使用裁剪工具在图片上拖动出一个裁剪框并用鼠标调整裁剪框的大小，单击浮动面板上的“完成”按钮，完成截取。如图11-2所示。

图 11-2 裁剪工具截取人物正面

3. 用图框工具选择主体

在工具箱中选择“图框工具”，在图像下方的浮动面板中选择“选择主体”命令，如图11-3所示。

图 11-3 “图框工具”浮动面板

主体人物被选中，如图11-4所示。执行菜单栏中的“选择”|“反选”命令，选中人物背景，如图11-5所示。

图 11-4 “选择主体”后

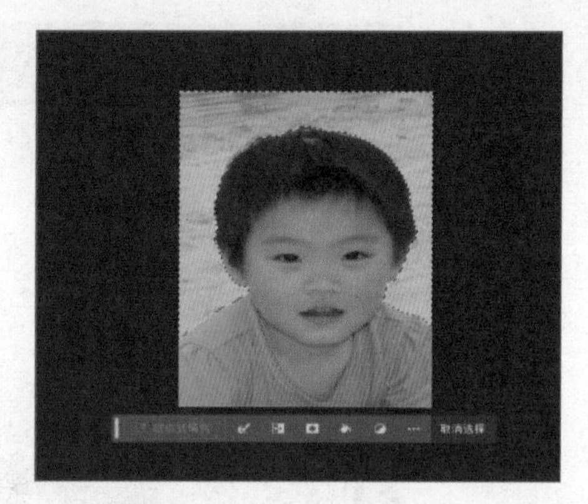

图 11-5 执行反选命令后

4. 更换背景

单击图像下方浮动面板中“填充选区”按钮，在弹出的下拉菜单中选择“白色”命令，执行菜单中栏中的“选择” | “取消选择”命令，为照片更换白色背景，如图11-6所示。

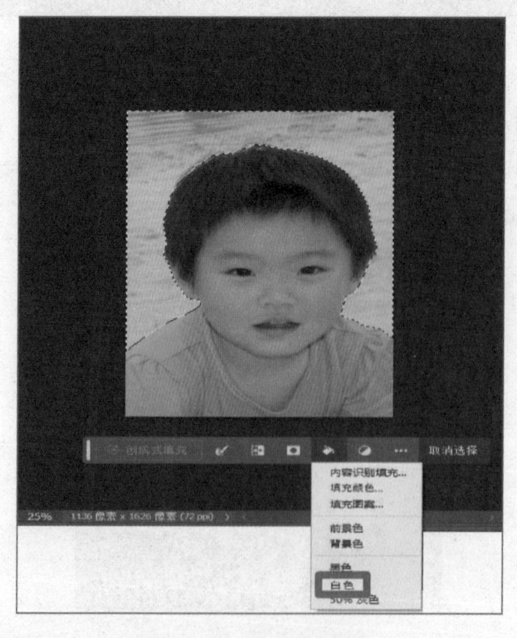

图 11-6 更换背景颜色

5. 为照片添加白色边框

选择“图像”|“画布大小”命令，弹出“画布大小”对话框，勾选“相对”复选框，设置“单位”为“百分比”，“定位”位置在中间，“画布扩展颜色”为背景白色，如图11-7所示，单击“确定”按钮。此时，照片的四周出现一圈白色的边框。

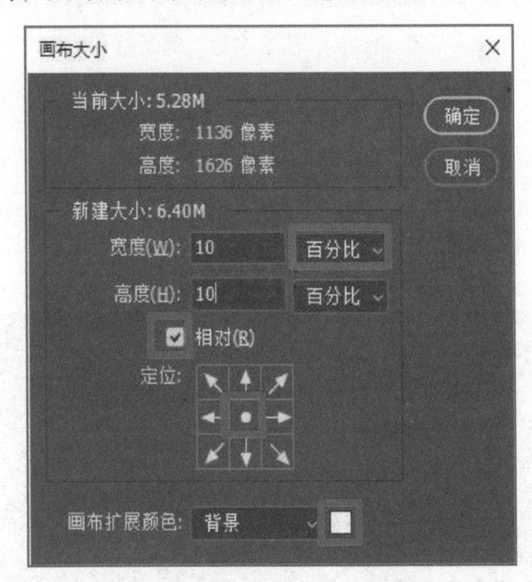

图 11-7　“画布大小”对话框

6. 设置标准尺寸

如果制作标准1寸照片，执行“图像”|“图像大小”命令，打开“图像大小”对话框，如图11-8所示设定参数。（注意：首先单击图中的锁链按钮，解除图像宽高比的联动关系，然后再进行宽度和高度的设定）

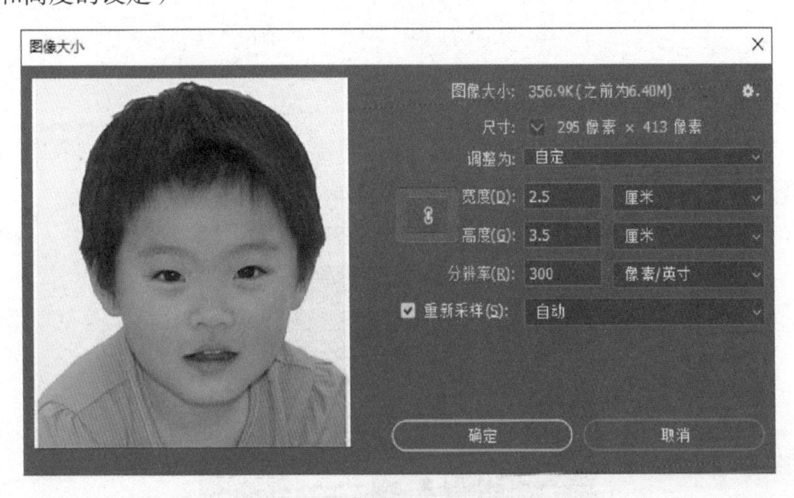

图 11-8　“图像大小”对话框

7. 定义图案

执行“编辑”|“定义图案”命令，弹出“图案名称”对话框，在“名称”文本框中输入“单张照片”，如图11-9所示，单击“确定”按钮。

图 11-9 “图案名称”对话框

8. 新建图像文件

执行“文件”|“新建”命令，弹出“新建文档”对话框，设置“宽度”为7.5 cm，“高度”为7 cm，“分辨率”为300像素/英寸，“颜色模式”为8位RGB颜色，“背景内容”为白色，如图11-10所示，单击“创建”按钮。

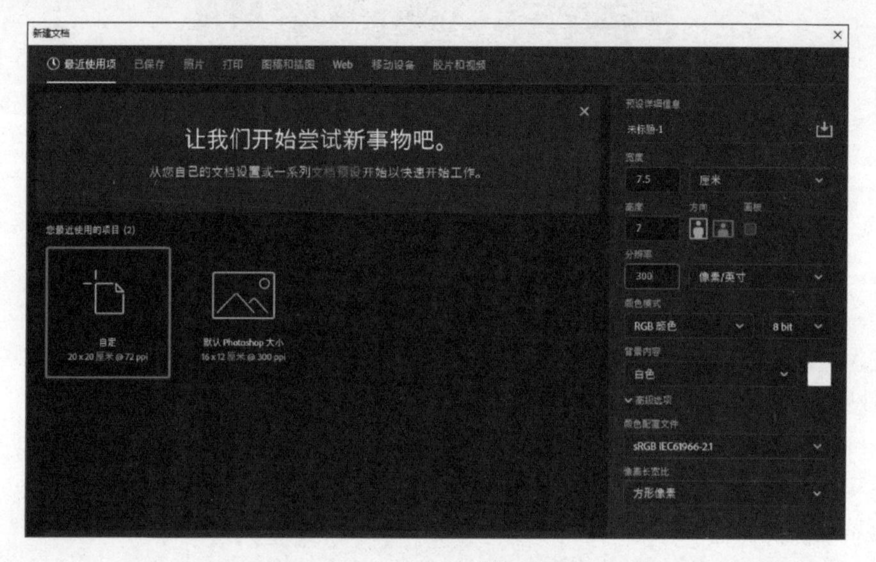

图 11-10 “新建文档”对话框

9. 填充图案

执行“编辑”|“填充”命令，弹出“填充”对话框，在“内容”下拉列表中选择“图案”，在“自定图案”下拉列表中选择前面定义的图案，如图11-11所示。

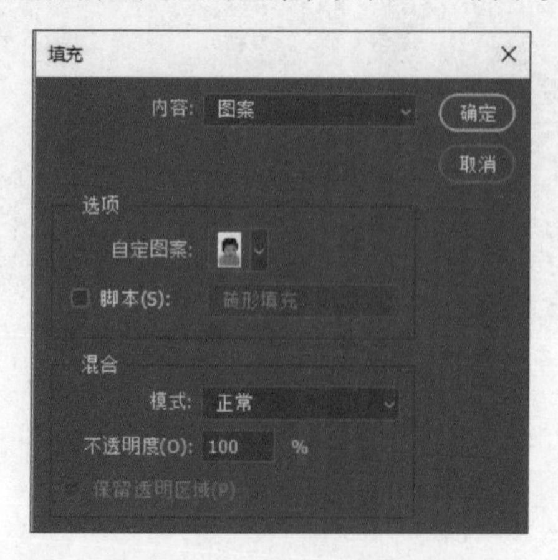

图 11-11 “填充”对话框

10. 完成制作

单击“确定”按钮，完成证件照的制作，最终效果如图11-12所示。

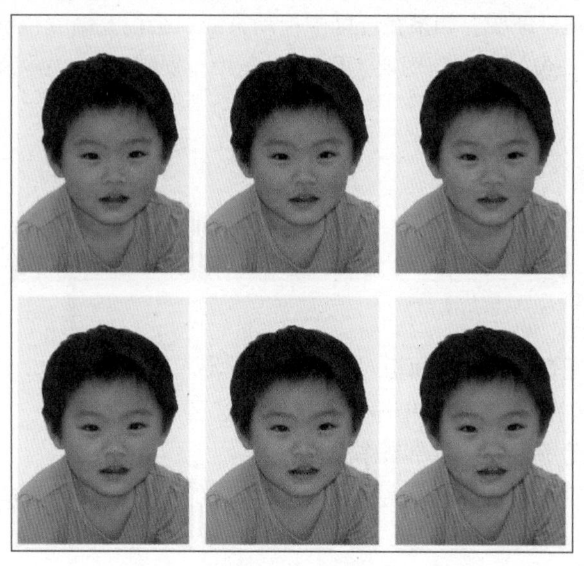

图 11-12 证件照

11. 保存文件

执行“文件”|“存储为”命令，将图像分别以“ps11.psd”和“ps11.jpg”保存在指定文件夹中。

六、思考题

（1）怎样用图框工具快速抠图？

（2）如何定义图案并在新建文件中填充图案？

实验 12 Photoshop 2024 图像处理软件（二）——制作彩虹字

视 频

PS制作彩虹字

一、实验目的

- 理解Photoshop 2024的图层概念。
- 练习文字工具、渐变工具的使用。
- 熟练掌握图层的应用。

二、相关知识点

（1）图层：Photoshop 2024中的图像通常由多个图层组成。可以处理某一图层的内容而不影响图像中其他图层的内容。

（2）文字工具组是工具箱中最常用的一组工具，既可以用“横排文字工具”和“直排文字工具”创建一个新的文字图层，也可以通过“横排文字蒙版”工具和“直排文字蒙版”工具，创建一个文字选区。

（3）渐变工具：创建颜色之间的渐变混合。Photoshop 2024“渐变编辑器”隐藏于属性栏中“渐变”菜单下的“经典渐变”中，可以通过单击“经典渐变”中的渐变条，调出渐变编辑器进行编辑、创建预设渐变。如果在选区中拖动直线，会填充渐变色到相应选区中。

（4）图层的应用：包括创建新图层、图层的合并、复制图层、调整顺序、添加图层蒙版等操作。

三、实验内容

制作彩虹字。

四、实验要点

- 使用文本工具配合字体悬浮面板对字体进行设定。
- 按住【Ctrl】键单击文字图层缩略图获得文字选区。
- 复制图层，利用垂直翻转命令制作倒影。
- 添加图层蒙版使倒影效果更为逼真。

五、实验步骤

本实验无素材，实验样张存放在“实验\样张\实验12”文件夹中。

1. 新建文件

执行“文件”|“新建”命令，弹出“新建文档”对话框，设置“宽度”为600像素，“高度”为400像素，“分辨率”为72像素/英寸，“颜色模式”为RGB颜色、8 bit，背景为黑色，如图12-1所示。

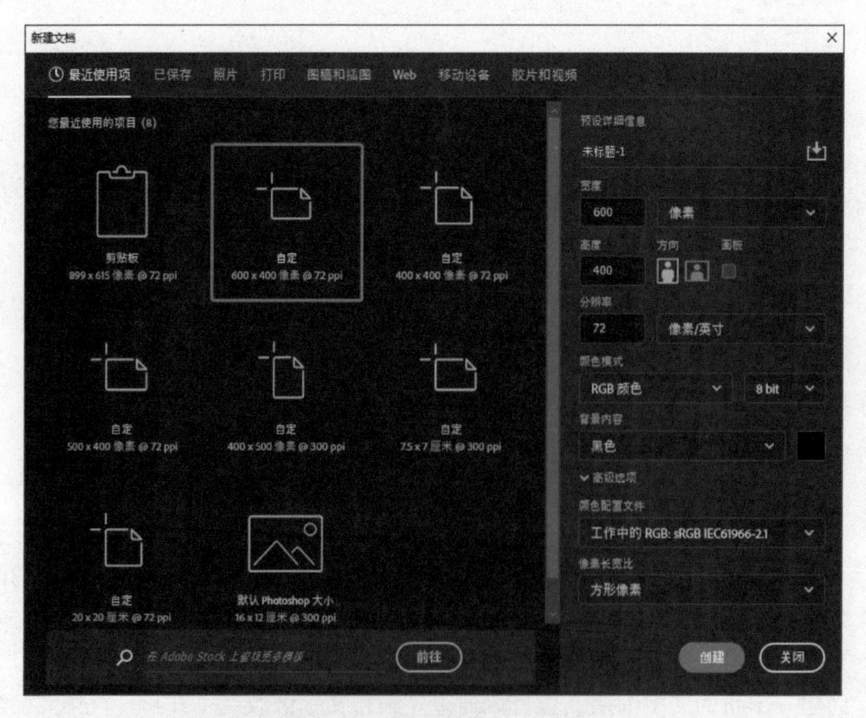

图 12-1 “新建文档”对话框

2. 输入文字

选择工具箱中的“横排文字工具”，输入英文单词“morning”，在字体悬浮面板中选择字体格式为“Times New Roman Bold”，颜色为白色，字号为120点，如图12-2所示。

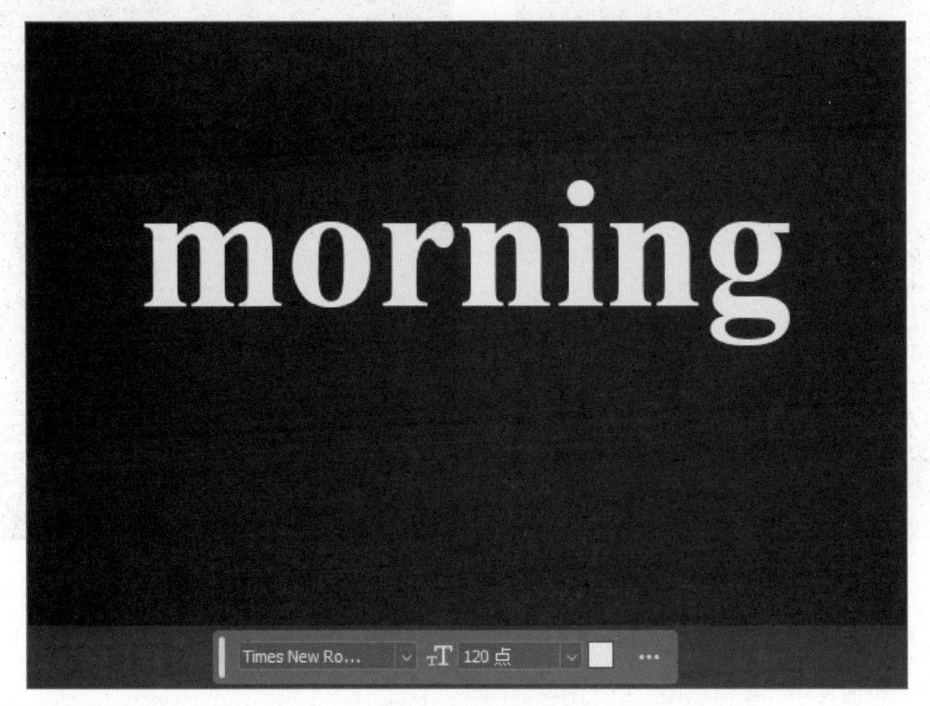

图 12-2 输入文字

3. 选择首字母，新建图层

用工具箱中的“魔棒工具”选中第一个字母“m”，单击图层面板右下角的新建图层按钮 ，新建一个空白图层为“图层1”，单击下方悬浮面板中的“填充选区”按钮，在下拉菜单中选择“填充颜色”命令，为字母“m”填充枚红色，按【Ctrl+D】组合键取消选区，双击“图层1”，重命名“图层1”为“m”图层，图层面板如图12-3所示，图像效果如图12-4所示。

图 12-3 为首字母创建新图层 m

图 12-4 为首字母填充玫红色

4. 为每个字母创建新图层

重复上述步骤，为每个字母创建新图层，填充不同颜色，并将图层名称更改为相应的字母名称，如图12-5所示。注意，每次用魔棒工具重新选择下一个字母前，必须先选中“morning”文字图层。图像效果如图12-6所示。

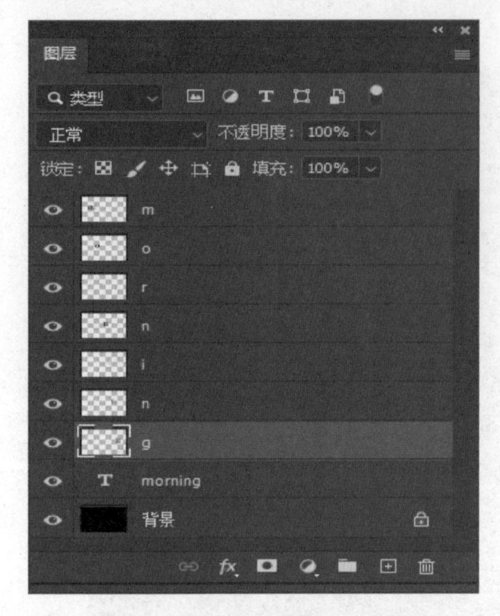

图 12-5　分离字符并创建新图层

图 12-6　分离后效果

5. 合并彩色字母图层

在图层面板中，单击选中“m”图层，同时按住【Shift】键，选中最后一个图层“g”，执行“图层”|“合并图层”命令，如图12-7所示。

图 12-7　合并彩色字母图层

6. 制作彩色字母对半截取效果

按住【Ctrl】键，单击彩色字母图层缩略图，选中这些文字，单击矩形选框工具中“从选区中减去”按钮，减去选区的下半部分，新建空白图层，填充白色，如图12-8所示。

图 12-8 彩色字母截半填充白色

7. 设置白色字母图层的不透明度

在图层面板中，单击选中“图层1”，将右上角的“不透明度”设为50%，如图12-9所示。合并彩色和白色字母图层。

图 12-9 设置不透明度

8. 复制图层，制作倒影

单击合并后的字母图层，执行“图层”|“复制图层”命令，图层面板中出现“图层1拷贝”图层，选中“图层1拷贝”图层，执行“编辑”|“变换”|“垂直翻转”命令，使用移动工具将拷贝图层垂直向下移动，按【Ctrl+T】组合键，执行“编辑”|“变换”|“斜切”命令，将鼠标移至中间的控制点后，平行向左拖动，如图12-10所示。选中拷贝图层后的蒙版矩形，用工具箱中的“渐变工具”为图层蒙版添加从上到下的黑白渐变，使倒影更加逼真，如图12-11所示。

图 12-10　制作倒影图层

图 12-11　添加图层蒙版

9. 输入中文文字

使用工具箱中的“横排文字”工具，输入文字“愿每一天的早晨都是新的开始”，字体为“黑体”，字号为30点，字体颜色为白色，如图12-12所示。

图 12-12　添加修饰文字

10. 为修饰文字添加彩虹效果

按住【Ctrl】键，单击“中文文字”图层缩略图，获得中文文字选区，在工具箱中选择“渐变工具”，单击属性栏中的黑白渐变条，选择下拉选项中“彩虹色”｜“彩虹色_05”，如图12-13所示，在文字选区内从左上角拖动至右下角，如图12-14所示。

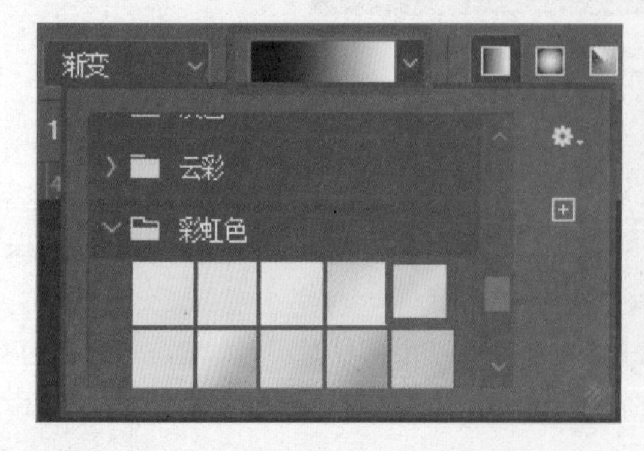

图 12-13　为修饰文字添加彩虹色

图 12-14　为修饰文字添加彩虹的效果

11. 保存文件

制作完成后，最终效果如图12-15所示。执行“文件”|“存储副本”命令，保存文件“彩虹字.psd”和“彩虹字yz.jpg”至样张文件夹中。

图 12-15 最终效果图

六、思考题

（1）怎样操作能获得文字的选区?

（2）怎样设置图层的不透明度和填充效果?

（3）在制作阴影效果时图层蒙版起到什么作用?

实验 13 Photoshop 2024 图像处理软件（三）——制作公益广告

视 频

PS制作公益广告

一、实验目的

- 了解图层面板中各种按钮的功能。
- 掌握图层的基本操作方法。
- 掌握图层蒙版的编辑方法。

二、相关知识点

（1）图层：Photoshop 2024中的图像通常由多个图层组成，处理某一图层的内容时，不影响图像中其他图层的内容。

（2）不同图层的基本功能：普通图层主要用于存放和绘制图像，可以有不同的透明度；背景图层位于图像的最底层，可以存放和绘制图像；填充/调整图层主要用于存放图像的色彩调整信息；文字图层只能输入与编辑文字内容；形状图层主要存放矢量形状信息。

（3）图层的基本操作：包括图层的创建、复制、删除、调整顺序等，也可以为特定图层添加图层样式或图层蒙版。

三、实验内容

制作《节俭是一种美德》公益广告。

四、实验要点

- 使用魔棒工具和【Ctrl+J】组合键，分离单个文字为各个单独图层。
- 利用添加图层蒙版的方式填充图片到文字的指定部分。
- 为选区描边。
- 合并图层并添加修饰文字。

五、实验步骤

实验所用的素材存放在“实验\素材\实验13”文件夹中。实验样张存放在“实验\样张\实验13”文件夹中。

1. 新建文件

执行“文件”|“新建”命令，弹出“新建文档”对话框，设置“宽度”为400像素，“高度”为400像素，“分辨率”为72像素/英寸，“颜色模式”为RGB颜色、8 bit，背景为白色，如图13-1所示。

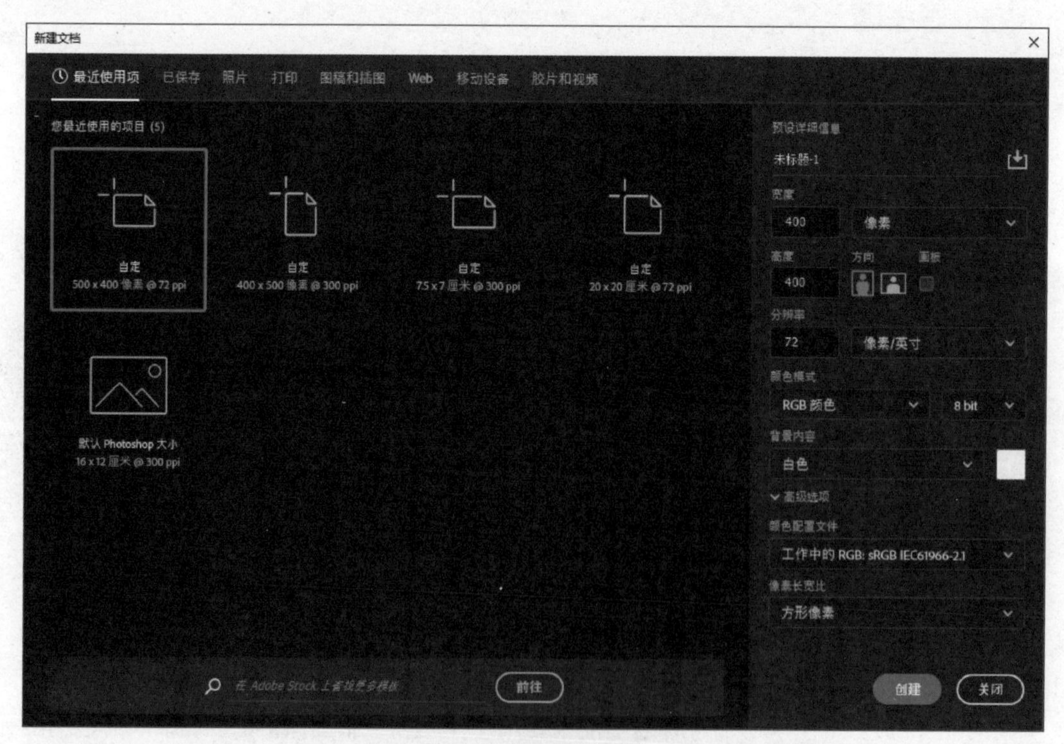

图 13-1 “新建文档”对话框

2. 填充背景

单击工具箱下部的“设置前景色”按钮，在弹出的“拾色器（前景色）”对话框里，设置颜色为“土黄色”(#c38210)，单击“确定”按钮后，工具箱下部的前景色变成了土黄色，选择工具箱中的“油漆桶”工具，单击画布，填充背景色为土黄色，如图13-2所示。

图 13-2 填充背景颜色

3. 输入文字

选择工具箱中的“横排文字工具”，输入文字“俭”，在字体悬浮面板中设置字体为“华文隶书”、字号为“400点”、颜色为“黑色”，居中放置，如图13-3所示。

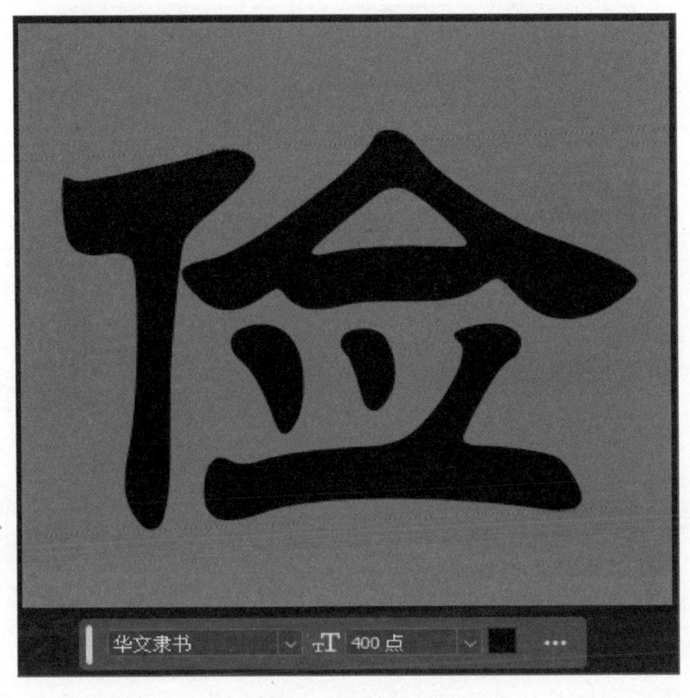

图 13-3 输入文字

4. 获取文字选区

按住【Ctrl】键，同时单击文字图层的“缩略图”，获取文字的选区，文字图层的缩略图位置如图层面板中箭头所指向的方框内区域，如图13-4所示，获取选区后的效果如图13-5所示。

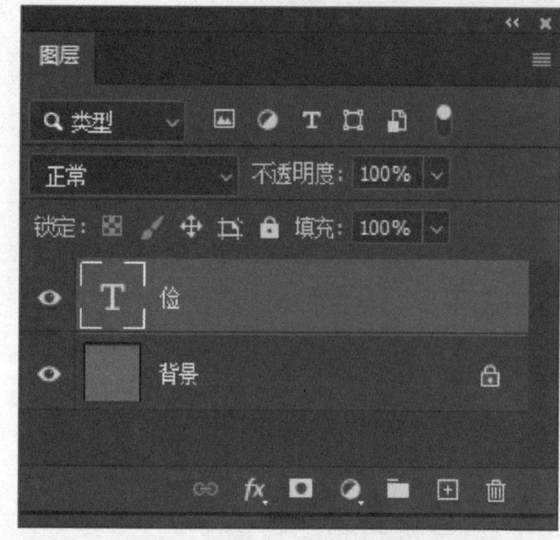

图 13-4 文字图层的缩略图

图 13-5 获取选区

5. 新建空白图层

执行“图层”|“新建”|“图层”命令，新建空白图层为“图层1”，为新图层中的选区填充黑色，按【Ctrl+D】组合键取消选区后，图层面板如图13-6所示。

图 13-6 新建“图层 1”

6. 拆分汉字

选择工具箱中的“魔棒工具”，单击选中“图层1”中“俭”字的单人旁，同时按

【Ctrl+J】组合键，将“亻”单独建一个图层，单击“图层1”选中“俭”字图层，用同样方法，将“亼”和“业”分别选中后，分别单独建立一个图层，最终图层面板如图13-7所示。

图 13-7 拆分汉字后各图层

7. 用图片填充汉字的特定部分

①执行“文件”|“打开”命令，打开素材文件夹中的“禾苗.jpg”图片，选择工具箱中的移动工具，在禾苗图片中单击并按住鼠标不要松开，将禾苗图像整体移动到“俭”字图像中，按【Ctrl+T】组合键，调整图片大小，覆盖到图像的左半部分，然后按住【Ctrl】键，单击“亻”图层的缩略图，获取单人旁的选区。确认当前选择的是“禾苗”图层，单击添加蒙版按钮，如图13-8所示，禾苗图片填充进单人旁选区内，效果如图13-9所示。

图 13-8 添加图层蒙版

图 13-9 填充禾苗图片后效果

②用同样方法，执行“文件”|“打开”命令，打开素材文件夹中的“米饭.jpg”图片，选

择工具箱中的移动工具，拖动“米饭”图片到图像中，按【Ctrl+T】组合键，调整图片大小，覆盖到图像的的右下部分，如图13-10所示。按住【Ctrl】键，单击“业”图层的缩略图，获取兴字底的选区。确认当前选择的是“米饭”图层，单击 添加蒙版按钮，如图13-11所示，“米饭”图片填充到“业”当中，最后效果如图13-12所示。

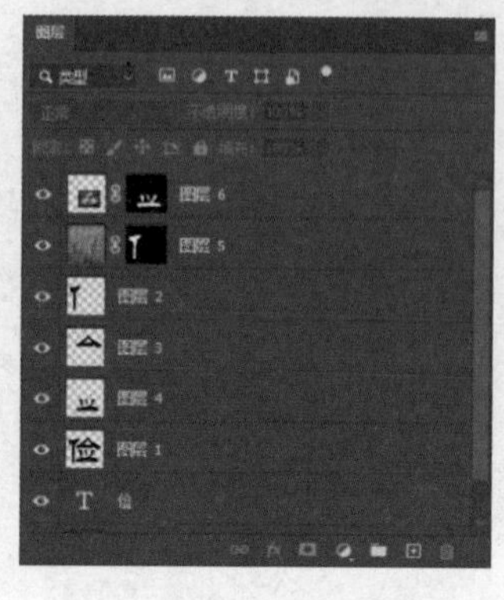

图 13-10　覆盖图像右下部分　　图 13-11　添加图层蒙版　　图 13-12　填充后效果图

8. 为选区描边

单击“亼”图层的缩略图，获得“亼”的选区，执行“编辑”|“描边”命令，弹出“描边”对话框，设置“宽度”为5像素的红色描边，如图13-13所示。

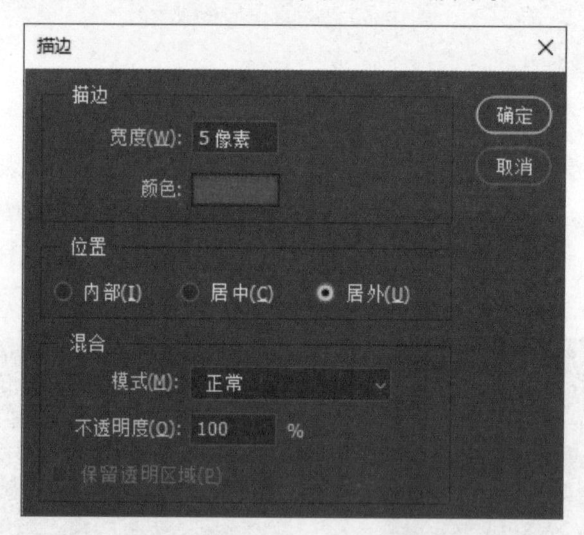

图 13-13　“描边”对话框

9. 合并图层后添加补充修饰文字

在图层面板中，按住【Ctrl】键，选中除“背景”图层以外的所有图层，执行“图层”|“合并图层”命令，使用工具箱中的文字工具，在图像下方添加文字“节俭是一种美德”，设置字体为“幼圆”，字号为24点。最终效果如图13-14所示。

10. 保存文件

执行“文件”|“存储为”命令，将图像分别保存为“公益广告.psd”和“公益广告.jpg”到指定文件夹中。

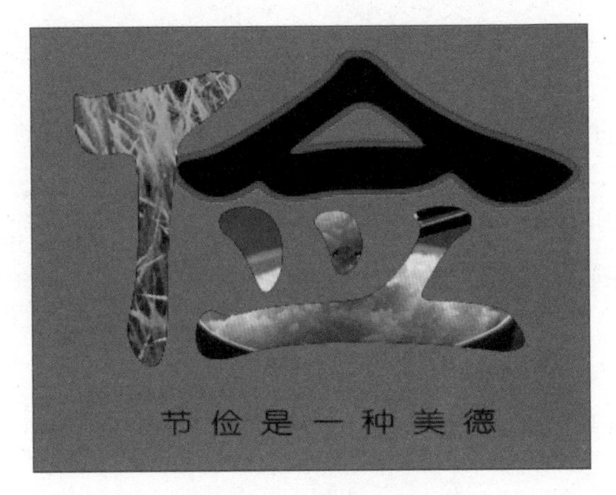

图 13-14 最终效果图

六、思考题

（1）如何用图片填充汉字的特定部分？

（2）图层蒙版的在此实验中的作用是什么？

（3）能否用“编辑”菜单中的“描边”命令对文字描边？

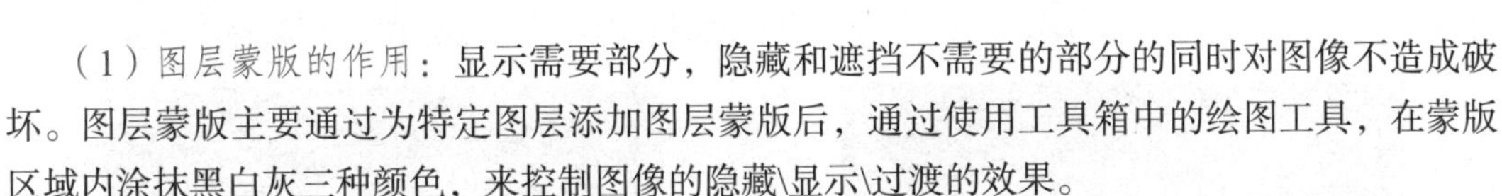

实验 14 Photoshop 2024 图像处理软件（四）——制作拉丁舞演出海报

一、实验目的

- 理解剪贴蒙版的概念。
- 具体操作中能够区分图层蒙版和剪贴蒙版的应用。

二、相关知识点

（1）图层蒙版的作用：显示需要部分，隐藏和遮挡不需要的部分的同时对图像不造成破坏。图层蒙版主要通过为特定图层添加图层蒙版后，通过使用工具箱中的绘图工具，在蒙版区域内涂抹黑白灰三种颜色，来控制图像的隐藏\显示\过渡的效果。

（2）剪贴蒙版是一个可以用任意形状遮盖其他图层的对象。因此，使用剪贴蒙版后，只能看到蒙版形状内的区域，但对图像本身的像素没有任何破坏。从效果上来说，就是将上层图像裁剪为蒙版的形状，即：上图下形。注意和图层蒙版的操作加以区分。

三、实验内容

制作拉丁舞演出海报。

四、实验要点

- 解锁背景图层，创建形状图层。

- 删除图层和新增图层并调整图层顺序。
- 创建剪贴蒙版。
- 合并图层并添加时间等相关信息。

五、实验步骤

实验所用的素材存放在“实验\素材\实验14”文件夹中。实验样张存放在“实验\样张\实验14”文件夹中。

1. 新建文件

执行“文件”|“打开”命令，打开素材文件夹中“彩色碎片.jpg”文件，如图14-1所示。

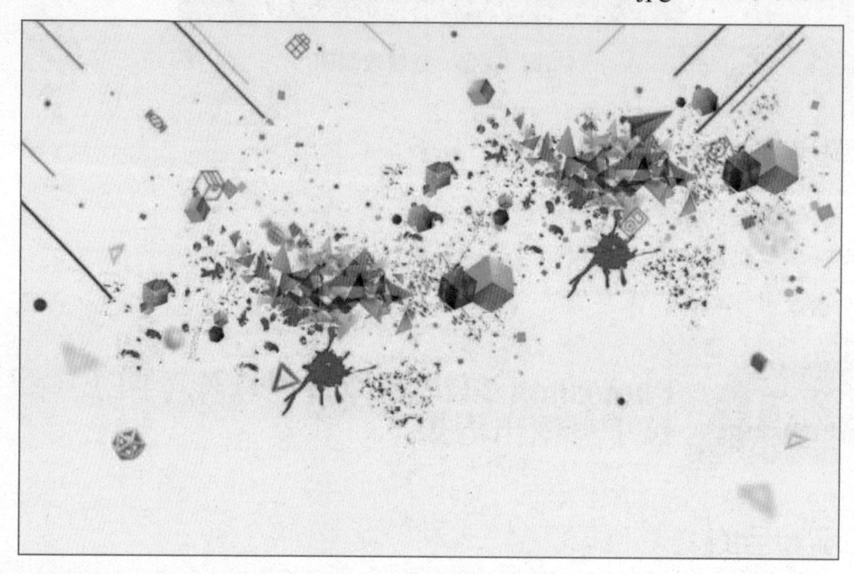

图 14-1　打开素材图片

2. 解锁背景图层

执行“窗口”|“图层”命令，调出“图层”面板，单击背景图层右端上的小锁图标，解锁背景图层，解锁前如图14-2所示。解锁后背景图层自动变成“图层0”，如图14-3所示。

图 14-2　背景图层解锁前

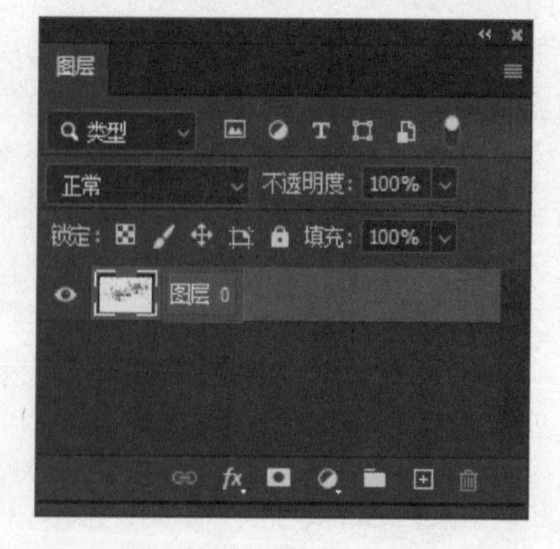

图 14-3　背景图层解锁后

3. 导入剪影图片素材

执行“文件”|“打开”命令，打开素材文件夹中“剪影图片.jpg”，选择工具箱中的移动工具，在“剪影图片”中按住鼠标左键，拖动整张剪影图片至“彩色碎片.jpg”中后松开。图层面板中新出现剪影图片所在的“图层1”，如图14-4所示。按【Ctrl+T】组合键，调整剪影图片所在的“图层1”的大小位置，如图14-5所示。

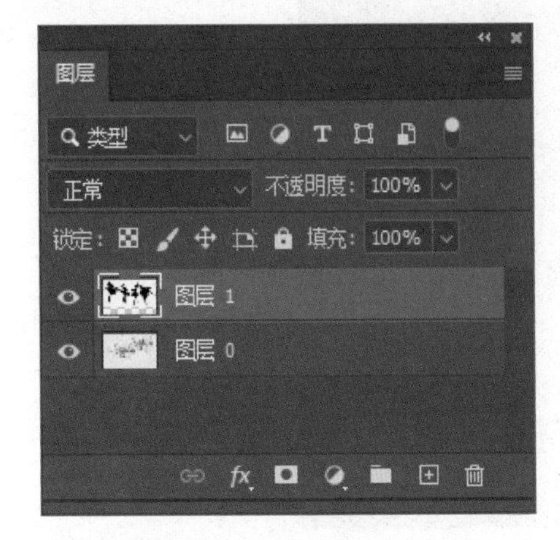

图 14-4 导入剪影图片素材

图 14-5 调整素材图片大小位置

4. 创建形状图层

选择工具箱中的魔棒工具，配合“添加到选区”命令按钮，单击剪影所在的“图层1”中黑色的剪影区域，选中所有的跳舞女孩，执行“图层”|“新建”|“图层”命令，弹出“新建图层”对话框，单击“确定”按钮，新建“图层2”，如图14-6所示。单击悬浮面板中的“填充选区”按钮，选择其下拉菜单的“填充颜色…”命令，为剪影选区填充玫红色，如图14-7所示，单击“取消选择”按钮。

图 14-6 新建图层 2

图 14-7 前景色填充剪影

5. 删除图层并调整图层顺序

在图层面板中，选中原剪影图片所在的“图层1”，右击，在打开的快捷菜单中选择“删除图层”命令，即删除了图层1。选中填充了玫红色的“图层2”，按住鼠标左键，向下拖动，调整至“图层0”下方，删除并调整图层顺序后，图层面板如图14-8所示。

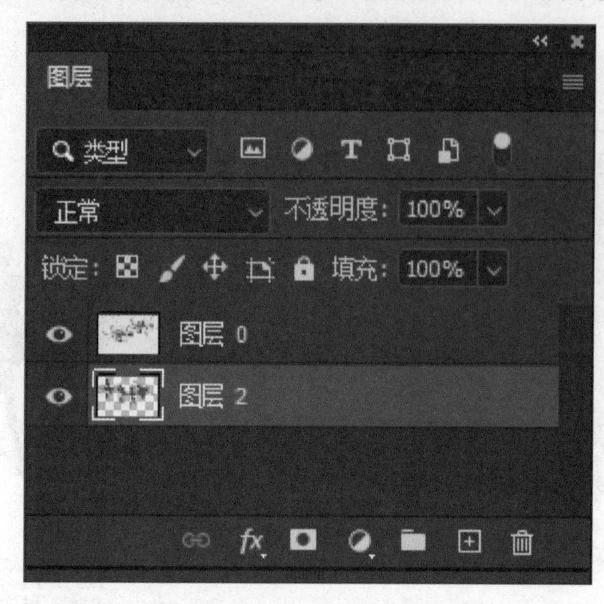

图 14-8　删除并调整图层顺序

6. 新增图层

执行“图层”|“新建”|“图层”命令，弹出“新建图层”对话框，如图14-9所示。单击“确定”按钮，新建“图层3”。

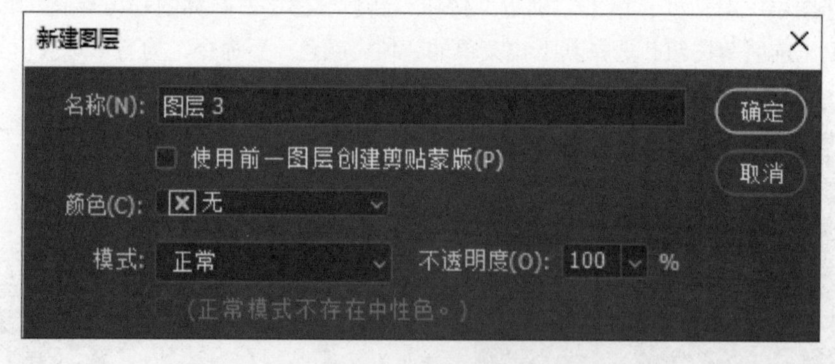

图 14-9　新建图层

7. 为新建图层填充亮黄色背景

单击工具箱下部的“设置前景色”按钮，在弹出的“拾色器”对话框中，设置前景色为（R：247，G：222，B：11）的亮黄色。使用油漆桶工具在画布上单击，“图层3”即刻被填充成亮黄色。按照步骤（5）中调整图层顺序的方法，调整“图层3”到图层面板的最底层，如图14-10所示。

8. 创建剪贴蒙版

在图层面板中，单击选中最上层的“图层0”，在该图层上右击，在打开的快捷菜单中选择“创建剪贴蒙版”命令，如图14-11所示。创建剪贴蒙版后效果如图14-12所示。

图 14-10 制作亮黄色背景图层

图 14-11 创建剪贴蒙版

图 14-12 剪贴蒙版效果图

9. 合并图层并添加演出时间等信息

执行“图层”|“合并可见图层”命令，将所有图层合并。选择工具箱中的“横排文字工具”，输入演出时间、地点等信息，设置字体为“Adobe黑体std”，字号为24点，最终效果如图14-13所示。

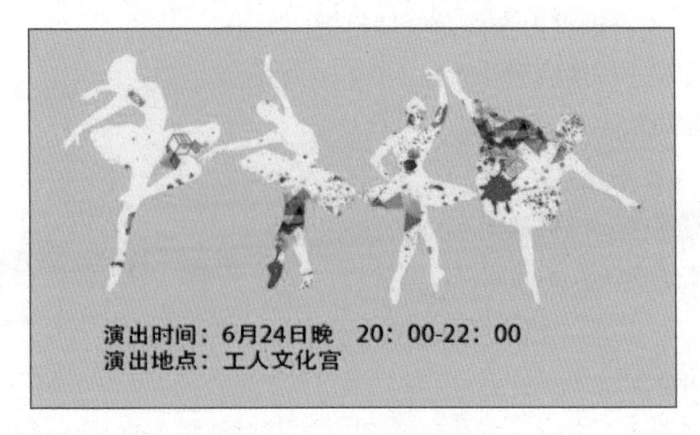

图 14-13 最终效果图

10. 保存文件

执行“文件”|“存储为”命令，将图像分别以“演出海报.psd”和“演出海报.jpg”保存在指定文件夹中。

六、思考题

（1）剪贴蒙版的操作要领是什么？

（2）剪贴蒙版和图层蒙版的相同点和不同点有哪些？

实验 15 Photoshop 2024 图像处理软件（五）——综合实例

视 频

PS综合实例

一、实验目的

- 熟练使用工具箱中的椭圆选框工具。
- 灵活掌握图层样式的应用。
- 设计制作一份个性化的光盘盘面。

二、相关知识点

（1）矩形选框工具组：包含矩形选框工具、椭圆选框工具、单行选框工具和单列选框工具等四种规则选区工具，可以创建特定的规则选区或配合其他工具使用。

（2）图层样式：应用于一个图层或图层组的，可以简单快捷地制作出各种立体投影，各种质感以及光影效果的图像特效。内置的图层样式包含了许多已存在的多种图层效果，通过添加图层样式可以制作出具有层次感、立体感的综合图像效果，并且图层样式可以单独复制应用到新的图层，也可单独删除其中一种图层样式效果而不影响其他图层样式。

三、实验内容

制作个性化的光盘盘面。

四、实验要点

- 利用椭圆选框工具绘制正圆。
- 使用【Ctrl+T】组合键自由变换命令调整选区大小。
- 按住【Alt】键等比例缩放图片大小。
- 设置斜面浮雕的图层样式。

五、实验步骤

实验所用的素材存放在“实验\素材\实验15”文件夹中。实验样张存放在“实验\样张\实验15”文件夹中。

1. 新建一个图像文件

执行“文件”|“新建”命令，弹出“新建文档”对话框。在该对话框中设置参数：宽度

为500像素、高度为500像素、分辨率为72像素/英寸、颜色模式为8位RGB颜色、背景内容为透明，单击“创建”按钮。如图15-1所示。

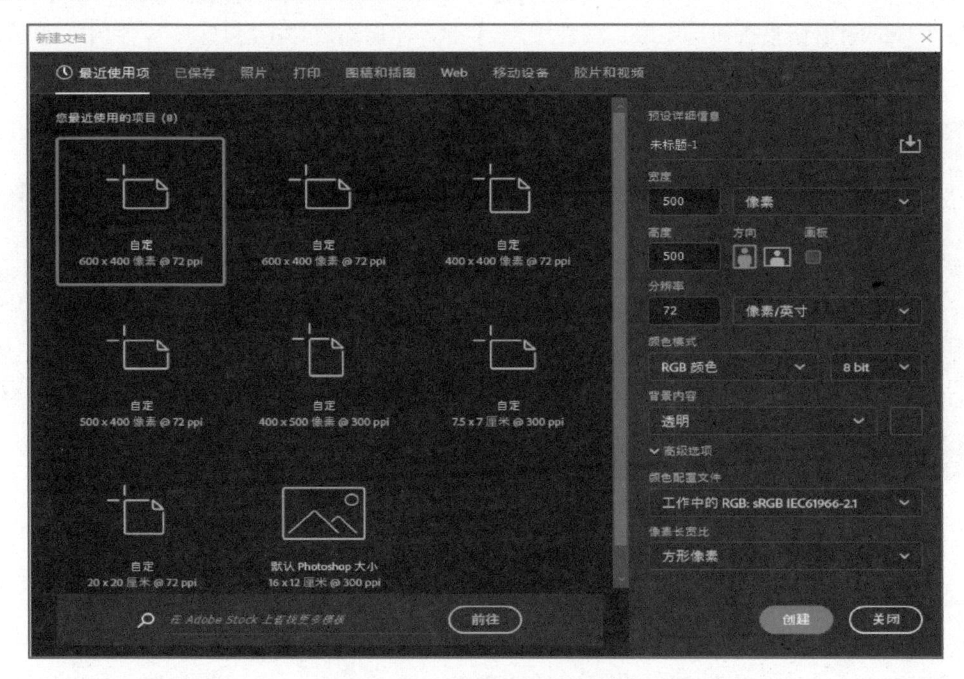

图 15-1 “新建文档”对话框

2. 移动素材文件

打开素材文件夹中的素材图片“baby.jpg”，选择工具箱中的椭圆选框工具，同时按住【Shift】键画正圆选取素材图片的中心，配合工具箱中的移动工具，将选区内的图像移动到新建的透明背景文件上，同时按【Ctrl+T】组合键变换选区，按【Shift+Alt】组合键调整大小位置，最后按浮动面板上的“完成”按钮，如图15-2所示。图层面板如图15-3所示。

图 15-2 移动素材图片并调整

图 15-3 图层面板

3. 制作中心内圆

复制图层1，在图层面板中产生“图层1拷贝”，按【Ctrl+T】组合键变换选区命令，当图像被8个小的矩形调整按钮选中时，按住【Alt】键等比例缩放“图层1拷贝”，到中心圆直径2 cm大小，信息调板如图15-4所示，图层调板如图15-5所示。效果如图15-6所示。

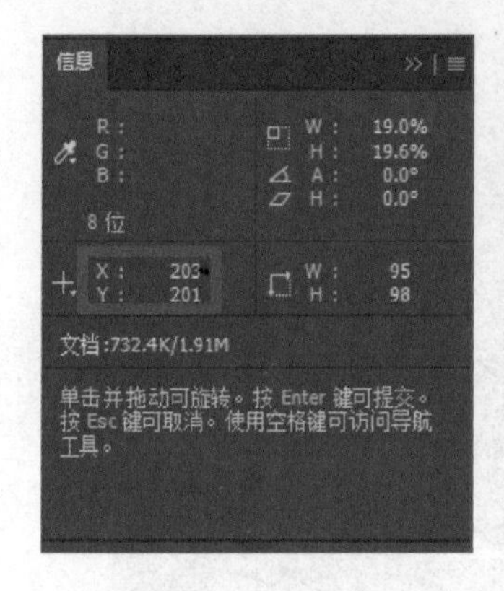

图 15-4　信息调板

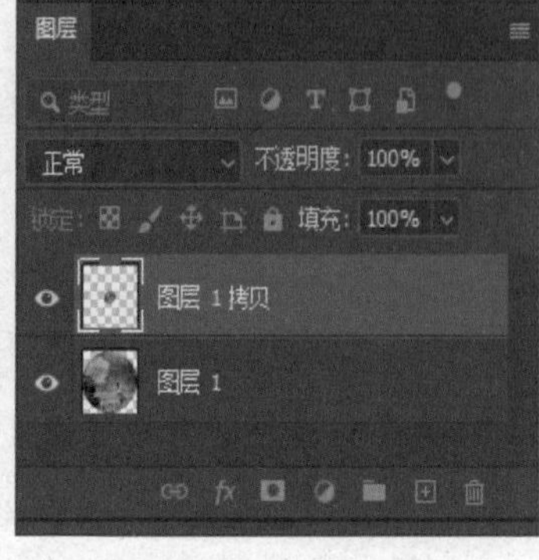

图 15-5　图层面板

图 15-6　调整图层后效果

4. 制作中间的圆

复制“图层1 拷贝”，产生“图层1拷贝2”图层按【Ctrl+T】组合键自由变换命令，同时按下【Shift+Alt】组合键等比例缩放，比中心圆稍大即可，单击“完成”按钮，效果如图15-7所示，图层调板如图15-8所示。

图 15-7　复制“图层 1 拷贝”效果

图 15-8　复制后图层面板

5. 删除中心圆孔

按住【Ctrl】键同时单击“图层1拷贝”的缩略图，画布中出现内圆的选区，然后选中“图层1”，如图15-9所示。按【Delete】键，删除中心圆孔。关闭上面两个图层前的“眼睛”图标，可看到如图15-10所示，中心圆孔中的内容被删除，按【Ctrl+D】组合键取消选区。

图 15-9 选中“中心圆孔”

图 15-10 删除“中心圆孔”

6. 设置图层样式

在图层面板中，选中“图层1”，单击图层面板最下面的 fx 图层样式按钮，为“图层1”设置“斜面和浮雕/内斜面”图层样式效果，如图15-11所示。同样方法，将“图层1拷贝2”的图层样式设置为“斜面和浮雕/枕状浮雕”效果。

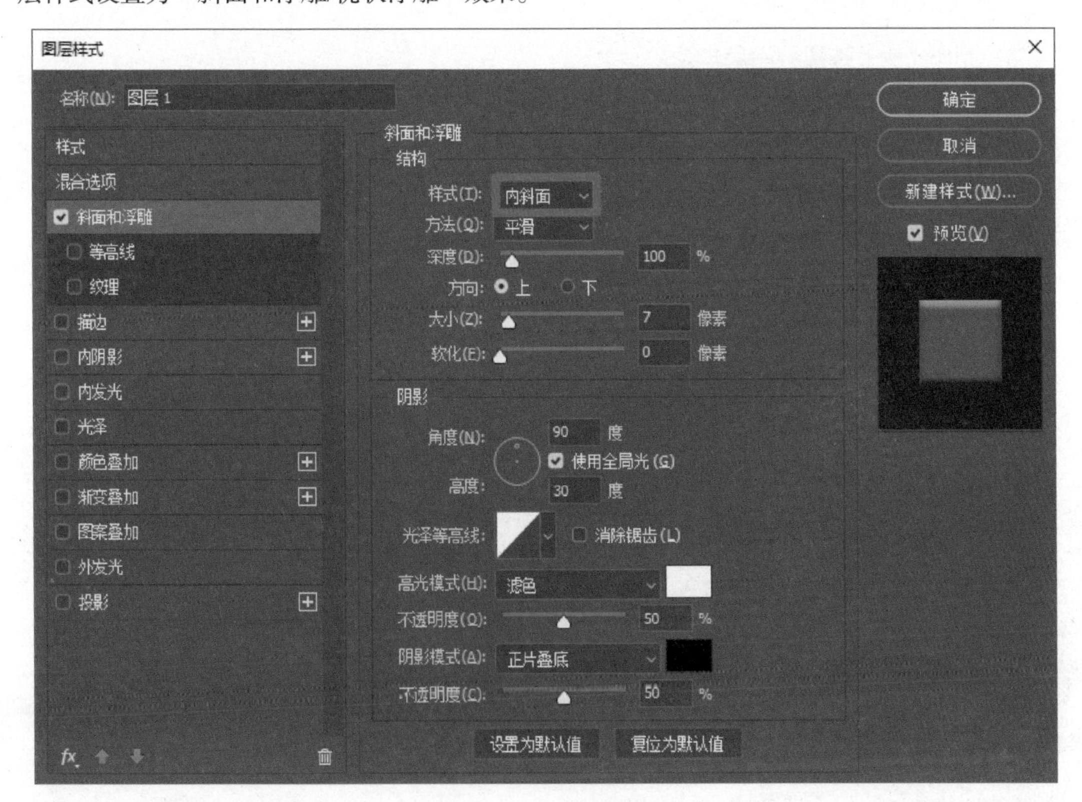

图 15-11 设置图层样式

7. 设置图层填充

在图层面板中，选中“图层1拷贝”和“图层1拷贝2”，设置填充为0，如图15-12所示。设置图层填充后的效果如图15-13所示。

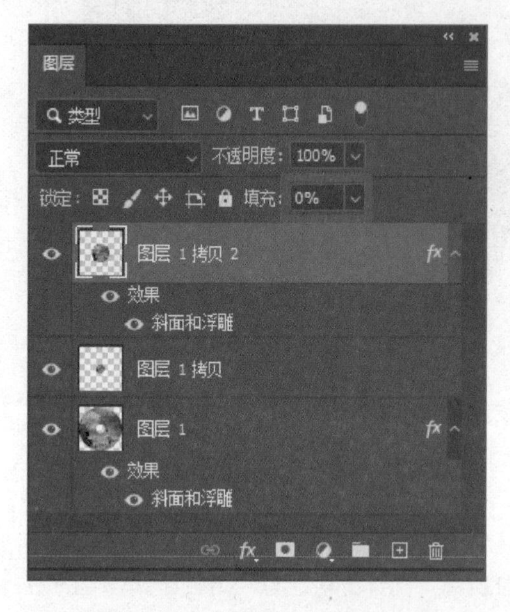

图 15-12　设置图层“填充”属性

图 15-13　设置填充后的图像效果

8. 制作光盘上下部分白色半圆

按住【Ctrl】键同时单击“图层1”的缩略图，获得圆盘的选区，单击“矩形选框工具”，单击属性栏中的“与选区交叉”按钮，框选出圆的下半部分选区，按【Delete】键删除其中的内容，同时按【Ctrl+Delete】组合键，填充白色背景，最后执行“选择”|“取消选择”命令，取消选区，如图15-14所示。同样方法，删除光盘的上半部分，如图15-15所示。

图 15-14　框选并删除下半部分内容

图 15-15　删除上半部分内容

9. 最终效果

导入其他素材，综合制作出的最终效果如图15-16所示。

图 15-16 最终效果图

10. 保存文件

执行“文件”|“存储为”命令，将图像分别以“ps15.psd”和“ps15.png”格式保存在指定文件夹中。

六、思考题

（1）如何使用矩形选框工具绘制正圆或正方形选区？

（2）如何等比例缩放选区及变换选区？

（3）如何导入合并其他素材？

第5章 平面动画制作

实验16 Animate 2024动画制作软件（一）——简单动画制作

视频

An简单动画制作

一、实验目的

- 熟悉Animate 2024的工作界面。
- 掌握Animate 2024的基本操作。
- 掌握在Animate 2024中创建文档以及导出影片的基本方法。
- 掌握制作逐帧动画的基本方法。
- 掌握制作预设动画的基本方法。

二、相关知识点

（1）时间轴面板：是进行动画创作的重要工具，可用来组织动画中的资源并且控制动画的播放。时间轴面板分为左、右两个区域，左边是图层控制区，每一行表示一个图层，右边是帧控制区。图层就像透明的纸，一张张向上叠加。将不同的对象放到不同的图层，分别制作动画效果。

（2）逐帧动画：最常见的动画表现方式，相当于传统的动画制作。逐帧动画中几乎所有的帧都是关键帧，每一帧的舞台内容都在变化。

（3）动画预设：动画预设是预先配置好的补间动画，可以利用它为舞台中的对象快速添加一些基础动画效果。

（4）编辑界面外观设置：执行“编辑”|“首选参数”命令，在弹出的“首选参数”对话框“常规”选项卡中，可以设置Animate 2024软件界面外观。以下Animate 2024实验界面采用“用户界面”中的“最亮”选项。

三、实验内容

制作逐帧动画和利用动画预设制作简单动画。

四、实验要点

- 制作文字逆向逐字消失的逐帧动画。

- 利用翻转帧命令实现文字正向逐字显示的动画效果。
- 使用动画预设制作简单动画。

五、实验步骤

实验所用的素材存放在“实验\素材\实验16”文件夹中。实验样张存放在“实验\样张\实验16”文件夹中。

1. 制作逐帧动画

（1）运行Animate 2024软件，在弹出的“新建文档”对话框中，选择“角色动画”|“平台类型（ActionScript 3.0）”选项，单击“创建”按钮。

（2）执行“修改”|“文档”命令，在弹出的的“文档设置”对话框中，设置舞台尺寸为550×400像素，背景颜色为白色，帧频设置为10fps，单击“确定”按钮。

（3）执行“文件”|“导入”|“导入到库”命令，将素材文件夹中“逐帧背景.jpg”导入到库面板中。

（4）打开库面板，右击导入图片，在打开的快捷菜单中选择“重命名”命令，修改图片名称为“背景”。

（5）制作背景图层。

①重命名图层。右击时间轴面板中的“图层_1”图层，在打开的快捷菜单中选择“属性”命令。弹出“图层属性”对话框，在“名称”文本框中输入文字“背景”，如图16-1所示。单击“确定”按钮。

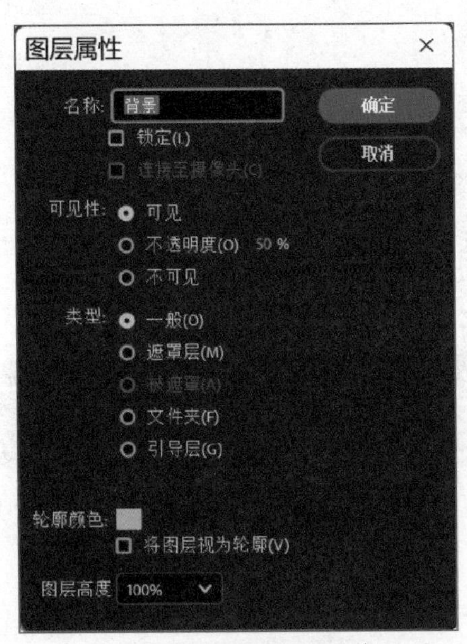

图 16-1　修改图层属性

②制作“背景”图层第1帧。选择“背景”图层第1帧，将库面板中图片“背景”拖到舞台中（如果库面板没有打开，执行“窗口”|“库”命令）。

③将“背景”图片拖动到舞台中，执行“窗口”|“对齐”命令，打开对齐面板，如图16-2所示。勾选“与舞台对齐”复选框，单击“水平中齐”和“垂直中齐”按钮，使素材

在舞台中水平垂直居中。

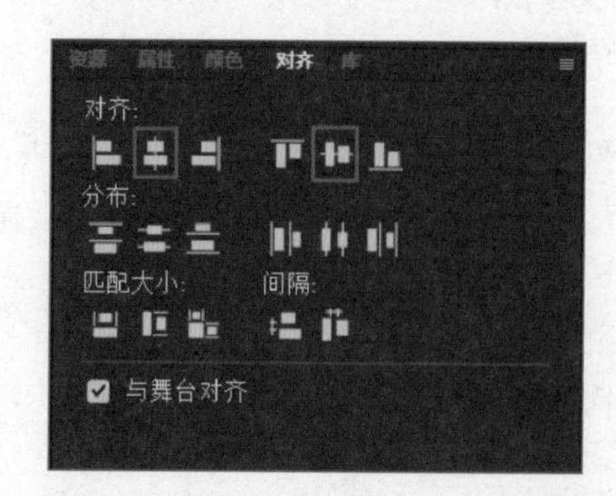

图 16-2 对齐面板

④延长帧的播放时间。右击“背景”图层第35帧，在打开的快捷菜单中选择“插入帧”或“插入关键帧”命令或者单击第35帧后按【F6】快捷键插入一个关键帧，延长帧的播放时间。

⑤锁定“背景”图层。单击“背景”图层名称右侧🔒下空白区域，锁定“背景”图层，如图16-3所示。

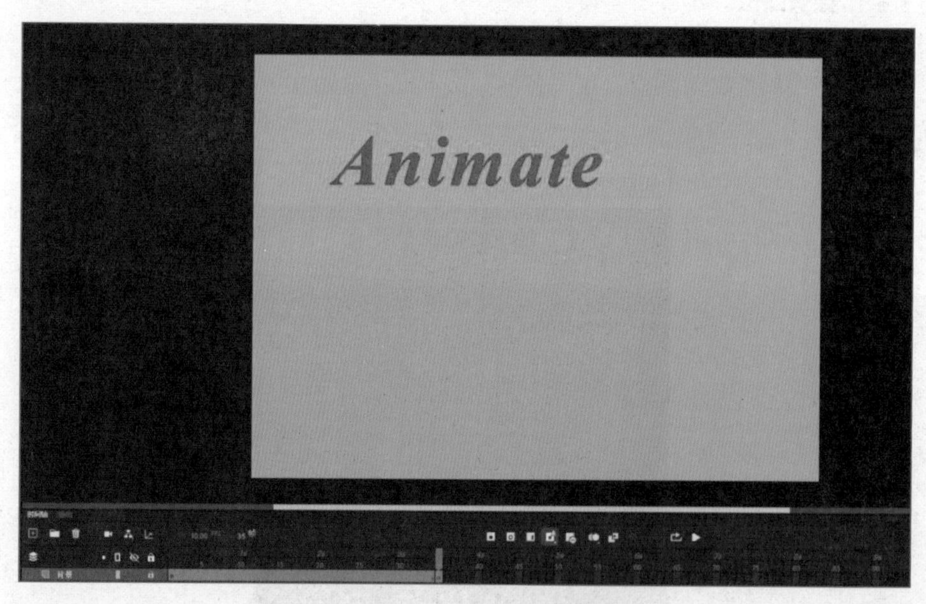

图 16-3 “背景”图层制作完成

（6）制作“文本”图层。

①插入新图层。单击时间轴面板上的“新建图层”按钮，在“背景”图层上面插入新图层，将图层重命名为“文本”。

②输入文字。单击选择“文本”图层第1帧，单击工具面板中的“文本工具”按钮T，在属性面板（如果属性面板没有打开，执行“窗口”|“属性”命令）“文本工具”下拉列表中选择“静态文本”，在“字符”选项卡“系列”下拉列表中选择“楷体”选项、大小为65磅、颜色为红色，如图16-4所示。在舞台相应位置单击，在出现的方框中输入文字“动画制作软

件”，如图16-5所示，输入完毕在文字外单击，退出输入状态。

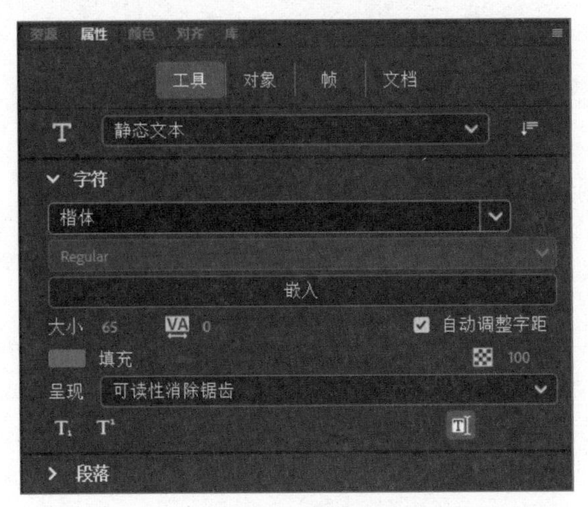

图 16-4　文本工具的属性面板

图 16-5　“文本”图层第 1 帧中的文本

③“分离”文字。将当前工具切换成“选择工具”，右击刚才输入的“动画制作软件”对象，在打开的快捷菜单中选择“分离”命令，将文本分离成单个文字，如图16-6所示。此操作也可通过按【Ctrl+B】组合键实现。

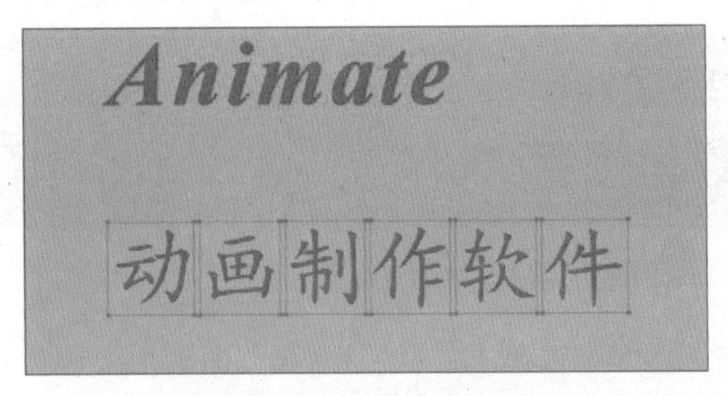

图 16-6　“分离”后的文本

④制作“逐字消失”动画效果。右击“文本”图层第5帧，在打开的快捷菜单中选择“插入关键帧”命令，在“文本”图层的第5帧，单击选中“件”（因为在第③步中已做过一次分离操作，所以此时可以单独选中某一个字），按【Delete】键将其删除，删除后的效果如图16-7所示。

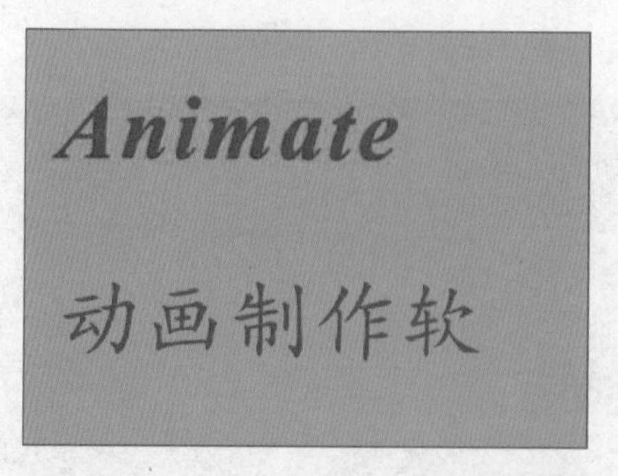

图 16-7　“文本”图层第 5 帧中的文本

⑤在“文本”图层第10帧插入关键帧，删除“软”；在第15帧插入关键帧，删除“作”；在第20帧插入关键帧，删除“制”；在第25帧插入关键帧，删除“画”；在第30帧插入关键帧，删除“动”；在第35帧插入关键帧，此时为空画面。动画制作完成后的时间轴，如图16-8所示。

图 16-8　文字制作完成后的时间轴

⑥按【Ctrl+Enter】组合键，查看当前动画效果。当前动画是“动画制作软件”字样一个字一个字地消失。效果如样张“an1-1yz.swf”所示。

（7）执行“文件”|“保存”命令，将文件以“an1-1.fla”为文件名保存在指定文件夹中。

（8）执行“文件”|“导出”|“导出影片”命令，导出文件的文件名为“an1-1.swf”。

（9）制作“文本”图层的逐字显示效果。

①修改“文本”图层名字。将“an1-1.fla”另存为“an1-2.fla”。右击“文本”图层，在打开的快捷菜单中选择“属性”命令，重命名图层为“文本逐字显示”，如图16-9所示。

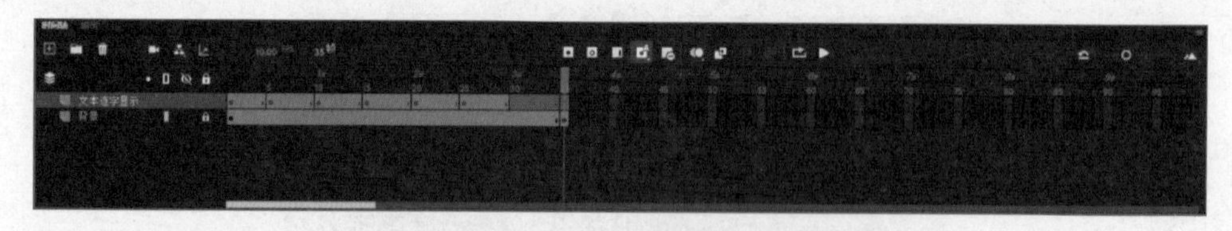

图 16-9　增加“文本逐字显示”图层后的时间轴

②实现动画倒放效果。单击选择“文本逐字显示”图层，选中该层所有帧，右击，在打开的快捷菜单中选择“翻转帧”命令，此时时间轴如图16-10所示。

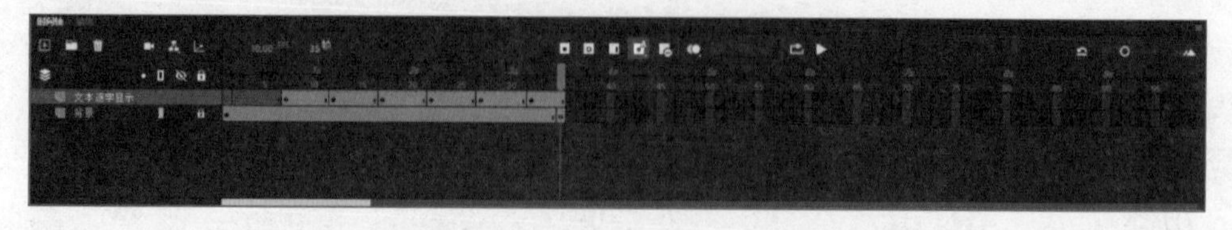

图 16-10　“翻转帧”后的时间轴

③按【Ctrl+Enter】组合键，查看当前动画效果。当前动画是“动画制作软件”字样逐个出现在舞台中。效果如样张“an1-2yz.swf”所示。

（10）执行“文件”|“保存”命令，将文件以“an1-2.fla”为文件名保存在指定文件夹中。

（11）执行“文件”|“导出”|“导出影片”命令，导出文件的文件名为“an1-2.swf”。

2. 使用动画预设

（1）运行Animate 2024软件，在弹出的“新建文档”对话框中，选择“角色动画”，再选择“平台类型（ActionScript 3.0）”选项，单击“创建”按钮。

（2）执行“修改”|“文档”命令，在弹出的“文档属性”对话框中，设置舞台尺寸为550×400像素，背景颜色为黑色，帧频设置为24fps，单击“确定”按钮。

（3）使用动画预设。

①制作文字图层。选择“图层_1”第1帧，单击工具面板中的“文本工具”按钮T，在属性面板（如果属性面板没有打开，执行“窗口”|“属性”命令）“文本工具”下拉列表中选择“静态文本”选项，在“字符”选项卡“系列”下拉列表中选择“微软雅黑”选项、大小为30磅、颜色为黄色。鼠标在舞台相应位置单击，在出现的方框中输入素材文件中“动画预设文本.txt”中的文字，适当调整大小，得到如图16-11所示效果。

Animate CC 由
原Adobe FlashProfessional CC
更名得来，维持原有 Flash 开发工具
支持外新增 HTML 5 创作工具，为网
页开发者提供更适应现有网页应用的
音频、图片、视频、动画等创作支持。
Animate CC拥有大量的新特性，
特别是在继续支持Flash SWF、AIR
格式的同时，还会支持
HTML5 Canvas、WebGL，并能通过
可扩展架构去支持包括SVG在内的几乎
任何动画格式。

图 16-11　输入文字后的效果

②使用“3D文本滚动”动画预设。利用“选择工具”选中上述文字，执行“窗口”|“动画预设”命令，在“动画预设”面板中展开“默认预设”，单击“3D文本滚动”，可查看其默认效果，单击“应用”按钮将该效果应用于舞台中的文字（如弹出对话框询问是否要对其进行转换并创建补间，单击“确定”）。此时时间轴如图16-12所示，舞台如图16-13所示。

图 16-12　应用“3D 文本滚动”后的时间轴

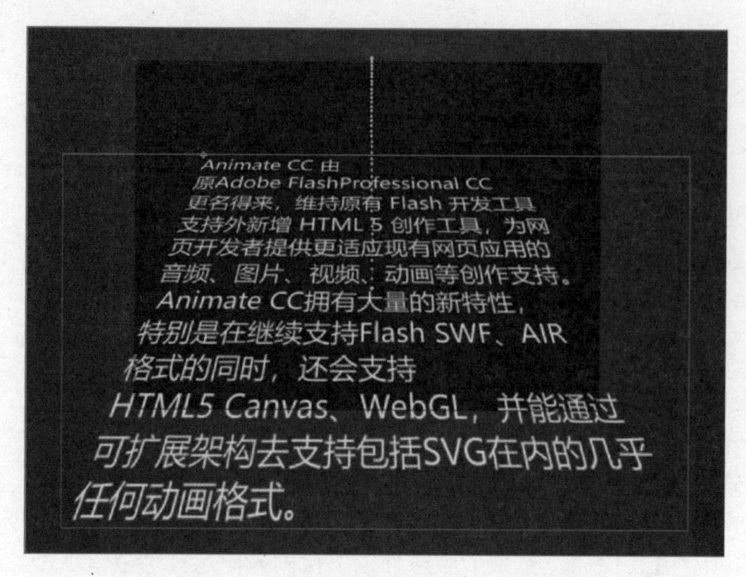

图 16-13　应用“3D 文本滚动”后的舞台

③可通过【Ctrl+Enter】组合键查看目前动画效果。

④调整动画起点终点。拖动舞台中蓝色动画轨迹的起点和终点，使得文字由舞台底部外进入舞台，最终消失在舞台顶部之外，如图16-14所示。

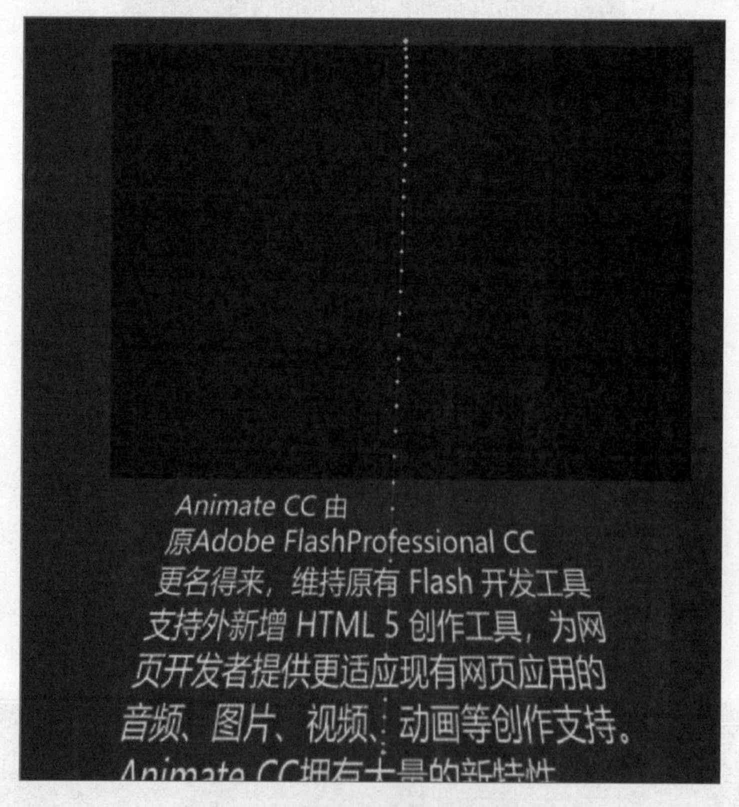

图 16-14　调整动画轨迹后的舞台

⑤调整动画时间。如果觉得动画时间过短，文字滚动过快，可以将光标移动到时间轴40帧

（动画结尾帧）的边缘，当光标显示为双向箭头时，如图16-15所示，可按住左键并向右拖动延长至100帧，从而延长动画时间。

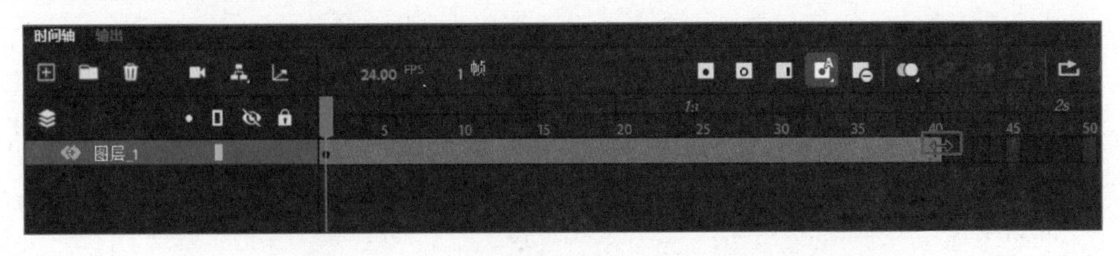

图 16-15　拖动动画结尾帧从而延长动画时间

（4）执行“控制”|“测试影片”|“在Animate中”命令，观看动画效果。最终效果如样张“an1-3yz.swf”所示。

（5）执行“文件”|“保存”命令，将文件以“an1-3.fla”为文件名保存在指定文件夹中。

（6）执行“文件”|“导出”|“导出影片”命令，导出文件的文件名为“an1-3.swf”。

六、思考题

（1）关键帧、空白关键帧、普通帧各有什么特点？

（2）如何制作逐帧动画？

（3）文字对象“分离”一次是何效果？再“分离”一次又是什么效果？

（4）“动画预设”面板“默认预设”各个效果如何？

实验 17　Animate 2024 动画制作软件（二）——补间动画

视频

An制作补间动画

一、实验目的

- 掌握制作“动作补间动画”的基本方法。
- 掌握制作“形状补间动画”的基本方法。

二、相关知识点

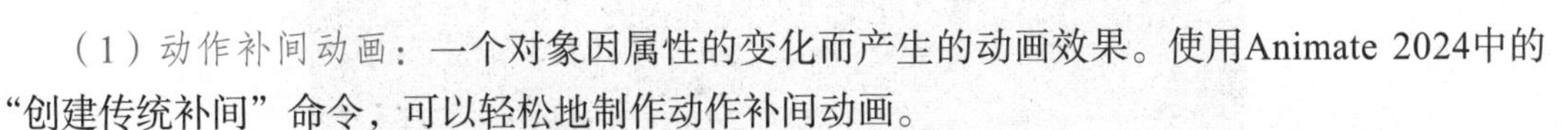

（1）动作补间动画：一个对象因属性的变化而产生的动画效果。使用Animate 2024中的“创建传统补间”命令，可以轻松地制作动作补间动画。

（2）形状补间动画：形状逐渐变化的动画效果，主要用于从一个对象逐渐变为另一个对象，或者同一个对象的颜色、形状的逐渐变化动画。

三、实验内容

制作补间动画。

四、实验要点

- 绘制圆盘元件。
- 制作彩色圆盘在舞台中滚动的动作补间动画。

- 使用【Ctrl+B】组合键打散文字为矢量图形。
- 制作文字变形动画即矩形先变成五角星再变成圆形的形状补间动画。

五、实验步骤

实验所用的素材存放在“实验\素材\实验17”文件夹中。实验样张存放在“实验\样张\实验17”文件夹中。

1. 制作动作补间动画方法 1

（1）新建一个Animate 2024文件。运行Animate 2024软件，在弹出的“新建文档”对话框中，选择“角色动画” |“平台类型（ActionScript 3.0）”选项，单击“创建”按钮。

（2）执行“修改” |“文档”命令，在弹出的“文档属性”对话框中，设置舞台尺寸为800×400像素、背景颜色为白色、帧频为12fps，单击“确定”按钮。

（3）制作“圆盘”元件。

①新建元件。执行“插入” |“新建元件”命令（或按【Ctrl+F8】组合键），在弹出的“创建新元件”对话框“名称”文本框中输入文字“圆盘”，“类型”选择“图形”，如图17-1所示。单击“确定”按钮。

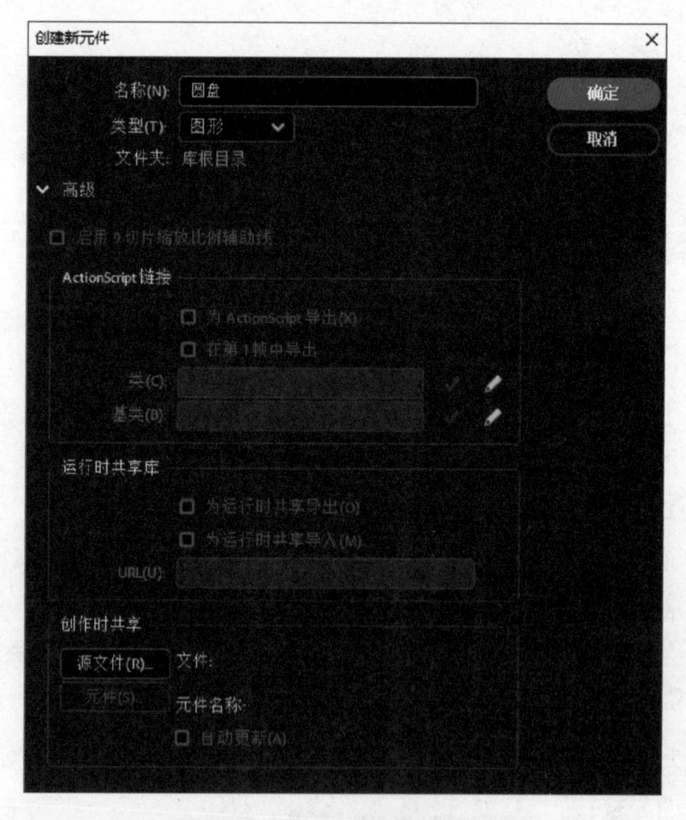

图 17-1　“创建新元件”对话框

②绘制圆盘基础形状。在元件编辑模式下，单击工具面板中“椭圆工具”按钮，在属性面板“填充和笔触”选项卡中，设置笔触颜色为“黑色”、填充颜色为“无”、笔触为2.00，如图17-2所示。

图 17-2　椭圆工具属性设置对话框

确保工具面板中的“对象绘制”按钮处于“未选中”状态（此项可以保证画出的图形是矢量图形而不是对象），按住【Shift】键，在舞台上绘制一个圆形。选中该圆形，执行“修改”|“对齐”|“与舞台对齐”命令（若“与舞台对齐”命令前有√则无需执行此命令），再执行“修改”|“对齐”|“水平居中”命令，使得素材在舞台中水平居中，最后执行“修改”|“对齐”|“垂直居中”命令，使得素材在舞台中垂直居中。

③分割圆形。单击工具面板中“线条工具”按钮，在属性面板中设置其笔触颜色为“黑色”、笔触为2.00。按住【Shift】键，在舞台上绘制一条水平线条，长度要大于上述圆形的直径。单击工具面板中“选择”按钮，选中该线条，执行“修改”|“对齐”|“垂直居中”命令，使得素材在舞台中垂直居中。此时该线条穿过圆心，并且两端会超出圆形范围，单击空白处，取消线条整体选中状态，再分别单击圆形外部的线条部分，按【Delete】键删除多余部分，最终效果如图17-3所示。

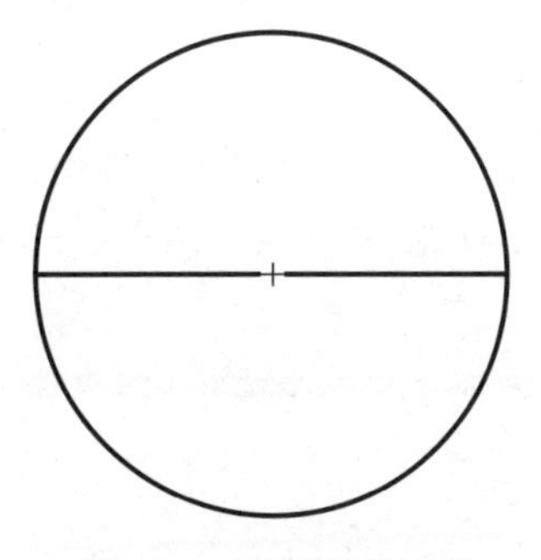

图 17-3　分割后的圆形

④分割圆盘。选中圆形内部线条，执行“窗口”|“变形”命令，在“变形”面板中，“旋转”设置为45，单击面板右下角的“重制选区和变形”按钮3次，如图17-4所示，将圆形分割成8个扇形，效果如图17-5所示。

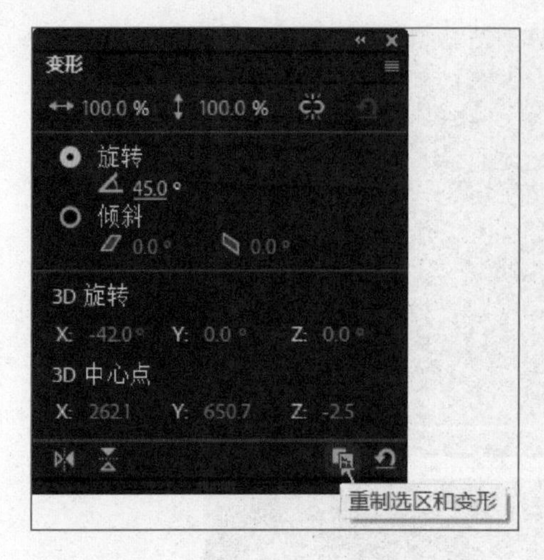

图 17-4　线条“变形”设置对话框

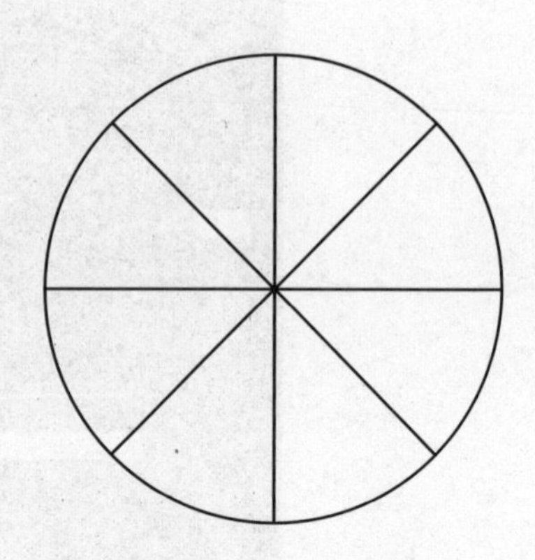

图 17-5　分割后的圆形

⑤制作彩色圆盘。单击工具面板中“颜料桶工具”按钮，在工具面板或属性面板中设置填充颜色为“红色”，单击圆盘任一扇形，将该扇形区域填充为红色。如遇到单击一次填充了多片扇形区域，则需先撤销填充动作，再单击工具面板最下方的“间隔大小”按钮，选择适合的空隙再次填充即可。选择不同的填充颜色，依次填充圆盘分割扇形，最后彩色的圆盘效果如图17-6所示。

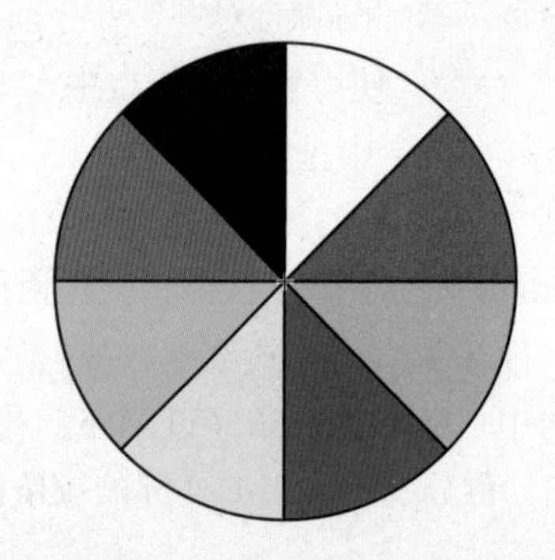

图 17-6　制作完成的彩色圆盘元件

（4）制作动作补间动画。

①制作图层_1第1帧。选择“图层_1”第1帧，将库面板中“圆盘”元件拖到舞台左上方中（动作补间动画必须针对元件才有效），利用“任意变形工具”调整“圆盘”至合适大小，如图17-7所示。

图 17-7　制作完成的彩色圆盘元件

②制作图层_1第50帧。在“图层_1”第50帧处插入关键帧。将舞台左上方“圆盘”元件拖到舞台右下方中，利用“任意变形工具”放大“圆盘”至合适大小。

③制作动作补间动画。右击“图层_1”第1帧，在打开的快捷菜单中选择“创建传统补间”命令，此时第1帧至第50帧会变成淡紫色背景，并有一个实线箭头由第1帧指向第50帧，如图17-8所示，动作补间动画创建成功。

图 17-8 “创建传统补间”后的时间轴

④设置动作补间动画参数。单击“图层_1”第1帧，在“属性”面板“补间”选项卡中，“旋转”设置为“顺时针”。

（5）执行“控制”|“测试影片”|“在Animate中”命令，观看动画效果。最终效果如样张“an2-1yz.swf”所示。

（6）执行“文件”|“保存”命令，将文件以“an2-1.fla”为文件名保存在指定文件夹中。

（7）执行“文件”|“导出”|“导出影片”命令，导出文件的文件名为“an2-1.swf”。

2. 制作动作补间动画方法 2

（1）重复上述“制作动作补间动画方法1”步骤（1）、步骤（2）。

（2）将前面制作的“圆盘”元件导入到舞台。

①执行“文件”|“导入”|“打开外部库”命令，选择“an2-1.fla”，单击“打开”按钮。打开“库-an2-1.fla”面板。

②将“圆盘”元件拖到舞台中左上角位置，并缩小至合适大小。

（3）制作动作补间动画。

①制作动作补间动画。右击“图层_1”第1帧，在打开的快捷菜单中选择“创建补间动画”命令，此时第1帧会自动延长至第12帧，且时间轴会变成米黄色背景，如图17-9所示。

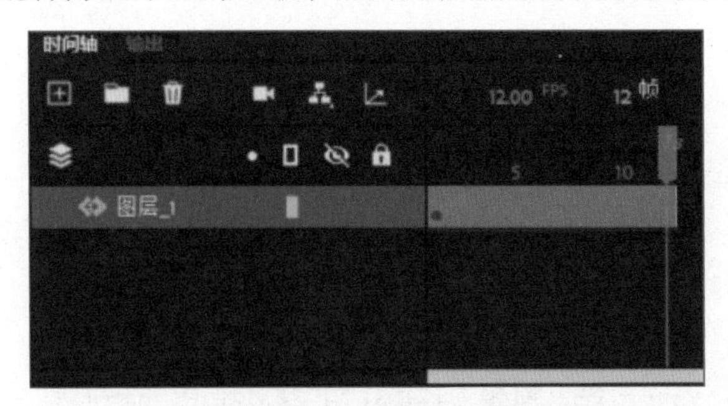

图 17-9 创建补间动画后的时间轴

②调整动作补间动画时间。将光标移动到“图层1”第12帧（动画结尾帧）的边缘，当光标显示为双向箭头时按住左键并向右拖动延长至50帧，从而延长动画时间。

③设置动作补间动画结尾画面。单击“图层_1”第50帧（最后一帧），拖动舞台上的“圆盘”元件至舞台右下方，并适当放大，此时效果如图17-10所示。

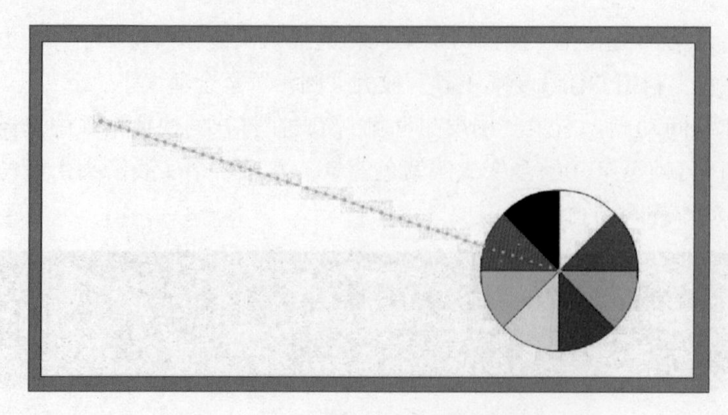

图 17-10　创建补间动画后的舞台

④设置动作补间动画结尾参数。舞台中一些浅绿色点组成的直线代表补间动画的运动路径，选中“图层_1”第50帧，设置“属性”面板“旋转”选项卡中“旋转”为1次，再单击“选择工具”按钮，拖动运动路径从而调整圆盘运动轨迹，此时效果如图17-11所示。

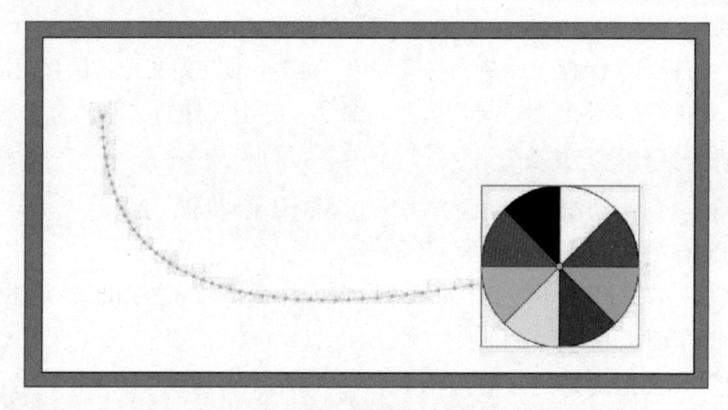

图 17-11　调整后的舞台

（4）执行“控制”|“测试影片”|“在Animate中”命令，观看动画效果。最终效果如样张“an2-2yz.swf”所示。

（5）执行“文件”|“保存”命令，将文件以“an2-2.fla”为文件名保存在指定文件夹中。

（6）执行“文件”|“导出”|“导出影片”命令，导出文件的文件名为“an2-2.swf”。

3. 制作形状补间动画

（1）运行Animate 2024软件，在弹出的“新建文档”对话框中，选择“角色动画”|“平台类型（ActionScript 3.0）”选项，单击“创建”按钮。

（2）执行“修改”|“文档”命令，在打开的“文档属性”对话框中，设置舞台尺寸为500×500像素，背景颜色为白色，帧频为12fps，单击“确定”按钮。

（3）制作文字形状补间动画。

①重命名图层。右击时间轴面板中的“图层_1”图层，在打开的快捷菜单中选择“属性”命令，弹出“图层属性”对话框，在该对话框的“名称”文本框中输入文字“文本”，单击“确定”按钮。

②制作“文本”图层第1帧。选择“文本”图层第1帧，单击工具面板中的“文本工具”

按钮**T**，在属性面板（如果属性面板没有打开，执行“窗口”|“属性”命令）“文本工具”下拉列表中选择“静态文本”，在“字符”选项卡“系列”下拉列表中选择“黑体”选项、大小为70磅、颜色为红色。在舞台相应位置单击，在出现的方框中输入文字“自强不息”，输入完毕在文字外单击，退出输入状态。

③“分离”文字。选择舞台中的文本“自强不息”，执行“修改”|“分离”命令2次（直到分离命令无效），将文本对象转换为矢量图形，如图17-12所示。此操作也可通过按2次【Ctrl+B】组合键实现。

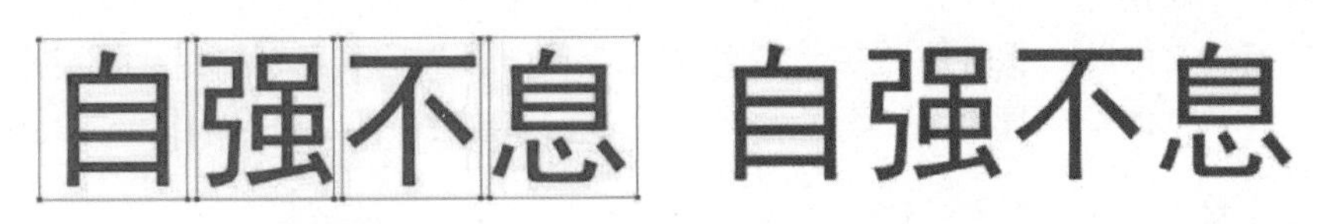

图 17-12 两次“分离”后的文本对比

④制作“文本”图层第50帧。右击“文本”图层第50帧，在打开的快捷菜单中选择“插入关键帧”命令，舞台上会出现和第1帧一样的内容，删除舞台上的“自强不息”矢量图形，输入和第1帧格式一样的文字“求实创新”，并对其执行2次分离操作。

⑤创建补间形状动画。右击“文本”图层第1帧，在打开的快捷菜单中选择“创建补间形状”命令，此时第1帧至第50帧会变成浅棕色背景，并有一个实线箭头由第1帧指向第50帧，如图17-13所示，形状补间动画创建成功。

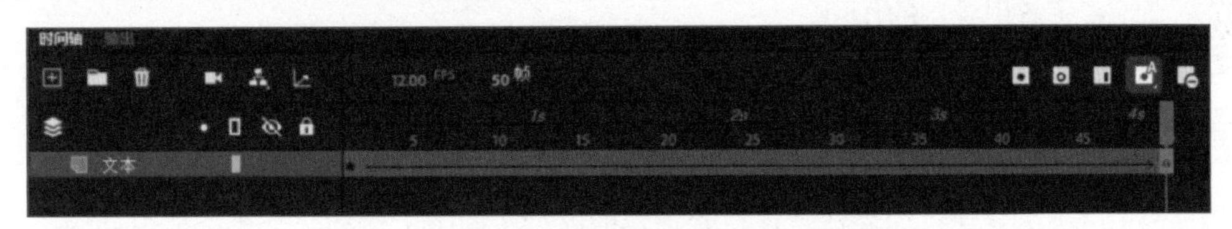

图 17-13 形状补间动画完成后的时间轴

（4）制作图形形状补间动画。

①插入新图层。在“文本”图层上面插入新图层，将图层重命名为“图形”。

②制作“图形”图层第1帧。选择“图形”图层第1帧，单击工具面板中的“矩形工具”按钮，在属性面板的“填充和笔触”选项卡里，设置笔触颜色为“无”、填充颜色为“绿色”。鼠标在舞台相应位置绘制一个矩形矢量图形。（注意：此矩形应为矢量图形而不是对象）。

③制作“图形”图层第25帧。在“图形”图层第25帧插入一个空白关键帧，单击工具面板中“多角星形工具”按钮，在属性面板的“填充和笔触”选项卡里，设置笔触颜色为“无”、填充颜色为“红色”；在“工具设置”选项卡里单击“选项”按钮，设置样式为“星形”、边数为5，在舞台相应位置绘制一个五角星矢量图形。

④制作“图形”图层第50帧。在“图形”图层第50帧插入一个空白关键帧，如步骤②所示在舞台相应位置绘制一个圆形矢量图形，颜色为蓝色。

⑤创建补间形状动画。分别右击“图形”图层第1帧、第25帧，在打开的快捷菜单中选择“创建补间形状”命令，此时第1帧至第25帧，第25帧至第50帧会变成褐色背景，并有一个实线箭头由第1帧指向第50帧，如图17-14所示，形状补间动画创建成功。

图 17-14　形状补间动画完成后的时间轴

（5）执行“控制”|“测试影片”|“在Animate中”命令，观看动画效果。最终效果如样张“an2-3yz.swf”所示。

（6）执行“文件”|“保存”命令，将文件以“an2-3.fla”为文件名保存在指定文件夹中。

（7）执行“文件”|“导出”|“导出影片”命令，导出文件的文件名为“an2-3.swf”。

六、思考题

（1）在动作补间动画中，主要通过修改对象的哪些属性来产生动画效果？

（2）在动作补间动画和形状补间动画中，对象分别属于什么类型？

实验 18　Animate 2024 动画制作软件（三）——引导动画

视 频

An制作引导动画

一、实验目的

- 了解引导层的作用。
- 掌握制作引导动画的基本方法。

二、相关知识点

（1）引导层：如果让对象沿着指定的路径（曲线）运动，需要添加引导层。引导层是一种特殊的图层类型，引导层中绘制的图形，主要用来设置对象的运动轨迹。引导层不从影片中输出，所以它不会增加文件的大小。

（2）引导动画：在引导层绘制好路径后，将对象拖到路径的起始位置和终点位置，创建动作补间动画，对象就会沿着指定的路径运动。

三、实验内容

制作引导动画。

四、实验要点

- 将图片文件转换为元件。
- 优化元件去除背景。
- 绘制运动引导路径。
- 制作一只昆虫沿着引导路径运动的传统补间动画。

五、实验步骤

实验所用的素材存放在“实验\素材\实验18”文件夹中。实验样张存放在“实验\样张\实验18”文件夹中。

1. 打开 Animate 2024 文件

运行Animate 2024软件，执行“文件”|“打开”命令，在弹出的“打开”对话框中，选择“an3.fla”文件，单击“打开”按钮。

2. 执行“修改”|“文档”命令，在弹出的“文档属性”对话框中，设置舞台尺寸为500×400像素、背景颜色为#33FFFF、帧频为12fps，单击“确定”按钮。

3. 重命名图层

将“图层_1”重命名为“昆虫”。

4. 制作“bug”图形元件

①将库面板中的“昆虫”图片拖到舞台，右击“昆虫”，在打开的快捷菜单中选择“转换为元件”命令。

②在弹出的“转换为元件”对话框中，将其名称命名为“bug”，类型设置为“图形”，单击“确定”按钮，完成新建“bug”图形元件，如图18-1所示。

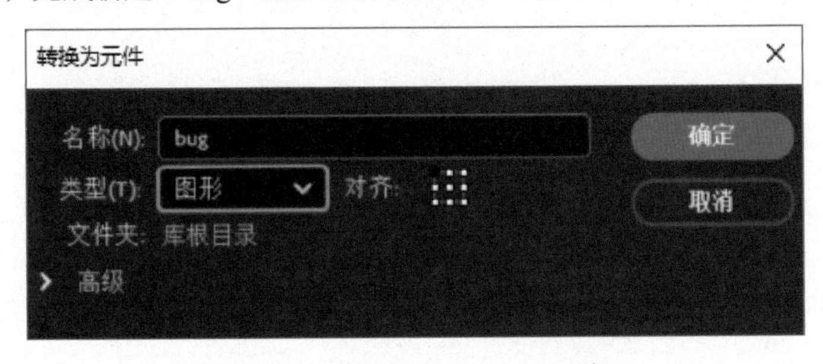

图 18-1 “转换为元件”对话框

③优化元件“bug”。双击库面板中的元件“bug”，进入元件编辑模式，此时“昆虫”依然有白色背景。单击选中“昆虫”，执行“修改”|“分离”命令。图片分离后，在图片外单击，使图片不处于选中状态。

④长按工具面板中“套索工具”按钮，在打开的选项组中选择“魔术棒”工具，在“魔术棒”属性面板中，设置阈值为“20”，平滑为“平滑”。使用“魔术棒”工具，在元件“bug”的背景颜色（白色）上单击，白色区域被选中，执行“编辑”|“清除”命令或按【Delete】键，清除图片的背景颜色。选择工具面板中“橡皮擦工具”，在“橡皮擦工具”属性面板中，适当调整橡皮擦的大小，利用橡皮擦工具将剩余的白色（图片背景颜色）擦除。

⑤单击舞台中的“场景切换”按钮，切换到场景编辑界面，完成“bug”图形元件的创建。

5. 制作传统引导层动画

①利用工具栏中“任意变形工具”适当修改舞台中“昆虫”的大小，并将其移动到舞台左上角，锁定“昆虫”图层。

②在“昆虫”图层上面插入传统引导层。右击“昆虫”图层，在打开的快捷菜单中选择“添加传统运动引导层”命令，系统自动新建一个名为“引导层：昆虫”的新图层。

③制作运动路径。在“引导层：昆虫”图层，利用“椭圆工具”绘制一个椭圆（笔触设

置为2、填充设置为“无”、任意颜色），使用“橡皮擦工具”擦除一段线条使其不封闭，如图18-2所示。

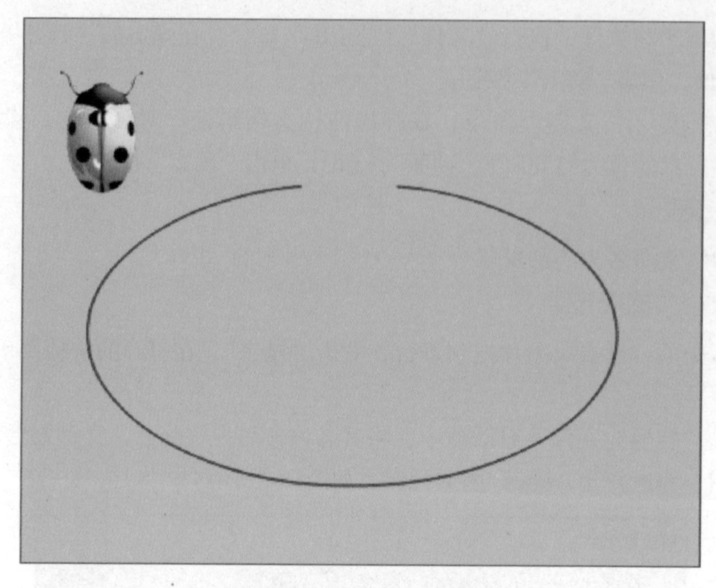

图 18-2　绘制椭圆运动路径

④调整“昆虫”图层第1帧画面。选择“昆虫”图层第1帧，打开“变形”面板，设置“旋转”值为90，将“bug”顺时针旋转90度，如图18-3所示。将“bug”元件中心点移动到椭圆路径起点（缺口右侧），使“bug”元件的中心点（空心圆）与椭圆轨道右侧起始点重合，如图18-4所示。

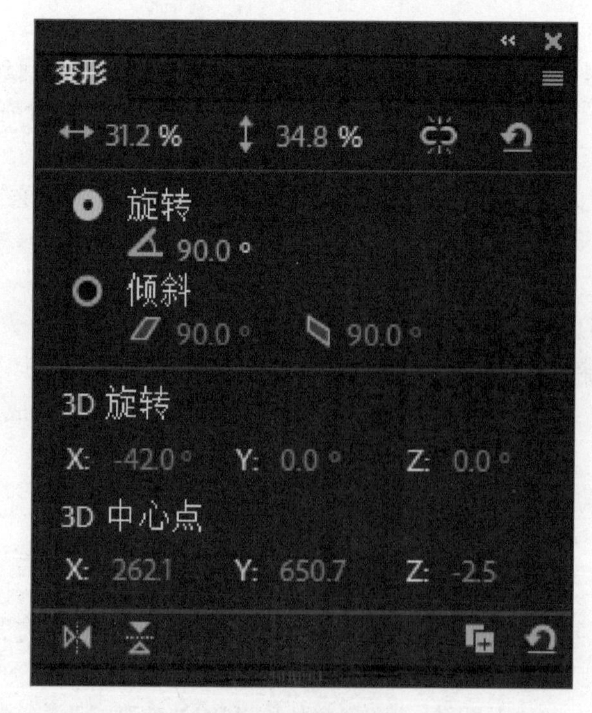

图 18-3　变形面板

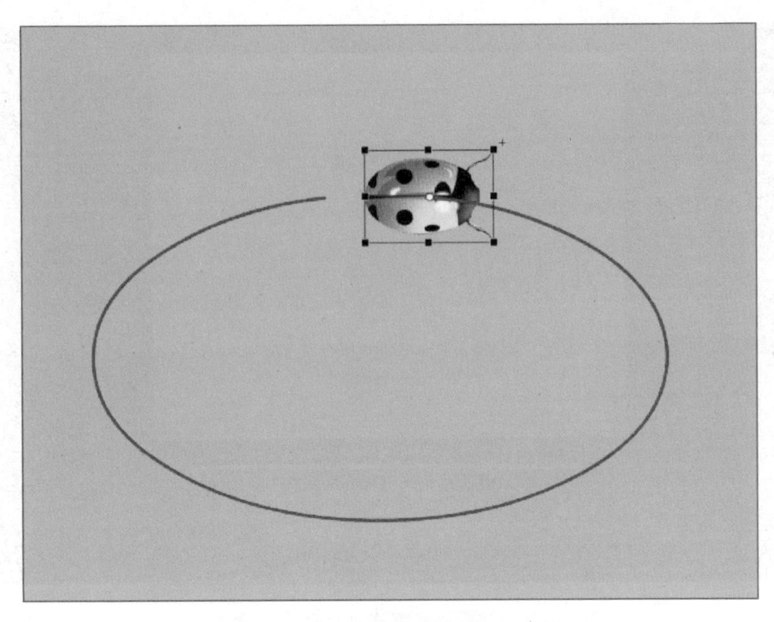

图 18-4　调整后的第 1 帧舞台效果

⑤延长引导层至60帧。右击引导层的第60帧处，在打开的快捷菜单中选择“插入帧”命令，将“引导层：昆虫”图层第1帧延长至第60帧，锁定引导层。

⑥设置“昆虫”图层第60帧画面。解锁“昆虫”图层，右击“昆虫”图层第60帧处，在打开的快捷菜单中选择“插入关键帧”命令，将“bug”元件平移到椭圆路径终点（缺口左侧），注意使“bug”元件的中心点（空心圆）和椭圆轨道左侧终点重合，“bug”元件的方向和起点方向保持一致，如图18-5所示。

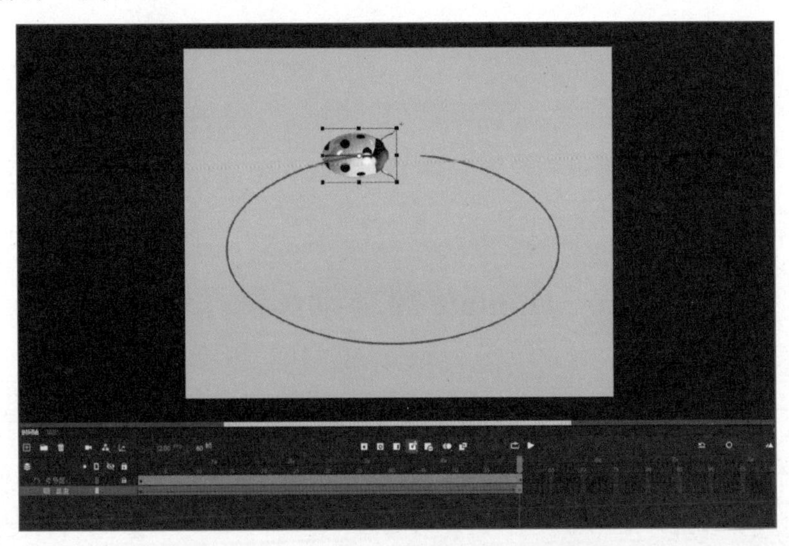

图 18-5　动画制作完成后的时间轴及舞台

⑦制作传统补间动画。右击“昆虫”图层第1帧，在打开的快捷菜单中选择“创建传统补间”命令，在“昆虫”图层创建了传统补间动画后，在属性面板“补间”选项卡中，勾选“调整到路径”复选框，完成后的效果如图18-6所示。

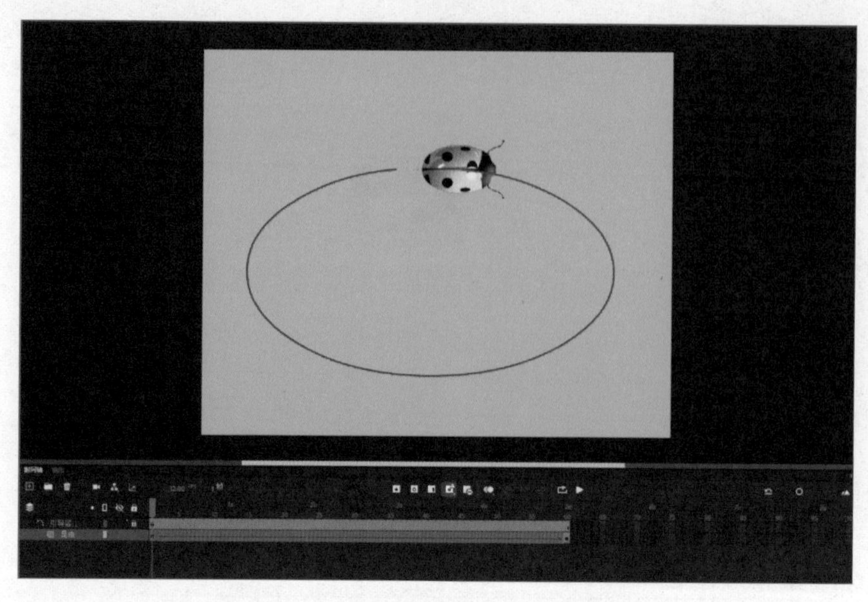

图 18-6　动画制作完成后的时间轴及舞台

6. 最终效果

执行“控制”|“测试影片”|“在Animate中”命令，观看动画效果。最终效果如样张“an3yz.swf”所示。

7. 保存文件

执行“文件”|“另保存”命令，将文件以“an3.fla”为文件名保存在指定文件夹中。

8. 导出文件

执行“文件”|“导出”|“导出影片”命令，导出文件的文件名为“an3.swf”。

六、思考题

（1）引导动画有什么特点？

（2）如何制作引导动画？

实验 19　Animate 2024 动画制作软件（四）——遮罩动画

视 频

An制作遮罩动画

一、实验目的

- 了解产生遮罩动画的原理。
- 掌握制作遮罩动画的基本方法。

二、相关知识点

（1）遮罩层和被遮罩层：制作遮罩动画需要两个图层，上面的图层是遮罩层，下面的图层是被遮罩层。遮罩层是一种特殊的图层，形象地说，在遮罩层中绘制一个形状范围（遮罩层中对象勾勒出的形状），可以显示这个范围内被遮罩层中的内容。

（2）遮罩动画：在遮罩层或者被遮罩层中有动画时，便产生了遮罩动画。

三、实验内容

制作遮罩动画：新建一个Animate 2024文件，制作画卷逐渐展开的动画。

四、实验要点

- 创建矩形遮罩层的补间形状动画。
- 导入左画轴并制作右画轴的传统补间动画。
- 制作画轴徐徐展开的遮罩层动画。

五、实验步骤

实验所用的素材存放在“实验\素材\实验19”文件夹中。实验样张存放在“实验\样张\实验19”文件夹中。

1. 新建 Animate 2024 文件

运行Animate 2024软件，在弹出的“新建文档”对话框中，选择“角色动画”｜“平台类型（ActionScript 3.0）”选项，单击“创建”按钮。

2. 文档参数设置

执行“修改”｜“文档”命令，在弹出的“文档属性”对话框中，设置舞台尺寸为550×400像素、背景颜色为白色、帧频设置为10fps，单击“确定”按钮。

3. 导入素材

执行“文件”｜“导入”｜“导入到库”命令，导入素材文件夹中的图片。

4. 制作“画”图层

将“图层_1”重命名为“画”。选择第1帧，将库面板中的图片“画.jpg”拖到舞台中间（水平居中、垂直居中）。右击第50帧，在打开的快捷菜单中选择“插入帧”命令，锁定“画”图层，“画”图层制作完成，如图19-1所示。

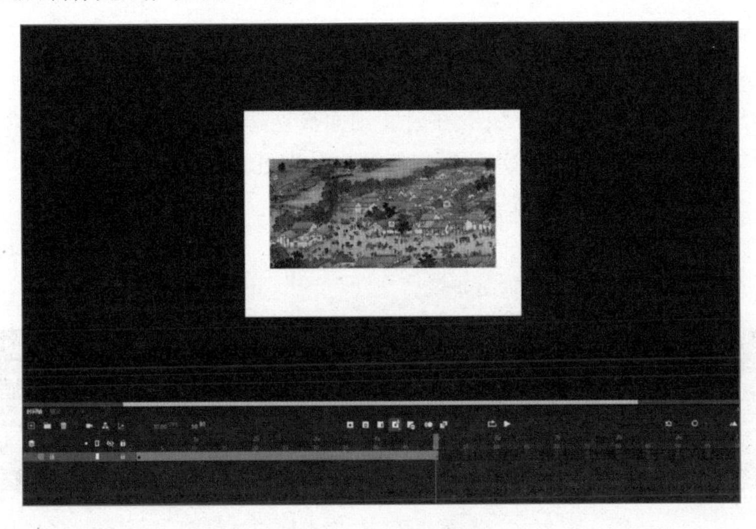

图 19-1 “画”图层

5. 制作“矩形”图层（遮罩层）

①插入新图层。在“画”图层上面插入新图层，将图层重命名为“矩形”。

②制作“矩形”图层第1帧。选择“矩形”图层第1帧，单击工具面板中“矩形工具”按钮，在属性面板中将“笔触颜色”设置为“无”、“填充颜色”设置为蓝色。在画的左边绘制一个无边框的矩形，矩形高度大于画的高度，矩形的位置和大小如图19-2所示。

图 19-2 绘制一个无边框的矩形

③制作“矩形”图层第40帧。在“矩形”图层的第40帧处插入关键帧，单击选择第40帧舞台中的矩形，拖动鼠标调整矩形的宽度，使矩形宽度与画的宽度相同，如图19-3所示。

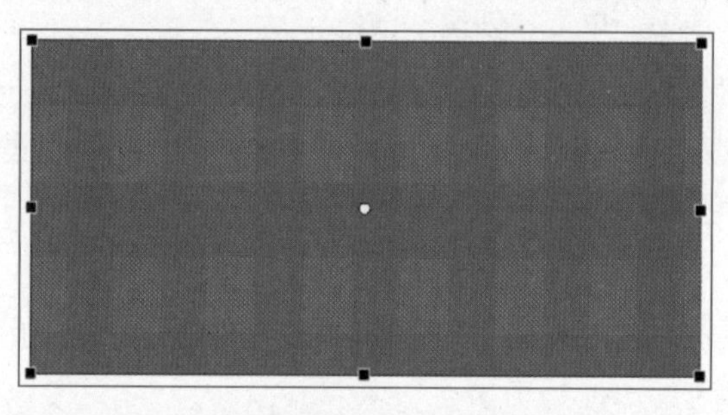

图 19-3 调整第 40 帧中矩形的宽度

④右击“矩形”图层第1帧，在打开的快捷菜单中选择“创建补间形状”命令，在第1到40帧之间创建补间形状动画。

⑤测试动画。执行“控制”|“测试影片”|“在Animate中”命令，产生矩形逐渐变大，覆盖整个画面的动画效果。

⑥将“矩形”图层转换为遮罩层。在时间轴面板左边的图层控制区右击“矩形”图层，执行快捷菜单中“遮罩层”命令，将“矩形”图层从普通图层转换为遮罩层。此时，“矩形”图层是遮罩层，“画”图层是被遮罩层。

⑦执行“控制”|“测试影片”|“在Animate中”命令，产生画面逐渐展开的动画效果，遮罩动画制作完成后的时间轴，如图19-4所示。

图 19-4 遮罩动画制作完成后的时间轴

6. 制作“左画轴”图层

①插入新图层。在“矩形”图层上面插入新图层，将图层重命名为“左画轴”。

②制作“左画轴”图层第1帧。选择“左画轴”图层第1帧，将库面板中图片“画轴.gif”拖到舞台中，放到画的左边，适当调整大小，将其转换为图形元件并命名为“画轴”。

③“左画轴”图层第1帧自动延续至第50帧，锁定“左画轴”图层。“左画轴”图层制作完成后的时间轴，如图19-5所示。

图 19-5 “左画轴”图层制作完成后的时间轴

7. 制作“右画轴”图层

①插入新图层。在“左画轴”图层上面插入新图层，将图层重命名为“右画轴”。

②制作“右画轴”图层第1帧。右击“左画轴”图层第1帧，在打开的快捷菜单中选择“复制帧”命令，右击“右画轴”图层第1帧，在打开的快捷菜单中选择“粘贴帧”命令，将“左画轴”图层中的元件复制到“右画轴”图层中，拖放“右画轴”中的元件，放到左画轴的右边，如图19-6所示。

图 19-6 “右画轴”图层第 1 帧中画轴的位置

③制作“右画轴”图层第40帧。在“右画轴”图层第40帧处插入关键帧，按住【Shift】键，拖动鼠标将舞台中的右画轴移到画的右边，如图19-7所示。

图 19-7 “右画轴”图层第 40 帧中画轴的位置

④右击“右画轴”图层第1帧，在打开的快捷菜单中选择“创建传统补间”命令，在第1到第40帧之间创建动作补间动画。

8. 完成后的时间轴和舞台

动画制作完成后的时间轴和舞台，如图19-8所示。

图 19-8 动画制作完成后的时间轴和舞台

9. 查看效果

执行“控制”|“测试影片”|“在Animate中”命令，查看动画效果。最终效果如样张“an4yz.swf”所示。

10. 保存文件

执行“文件”|“保存”命令，将文件以“an4.fla”为文件名保存在指定的文件夹中。

11. 导出文件

执行“文件”|“导出”|“导出影片”命令，导出文件的文件名为“an4.swf”。

六、思考题

（1）遮罩动画有什么特点？

（2）如何创建遮罩动画？

实验 20 Animate 2024 动画制作软件（五）——综合实例

一、实验目的

- 熟练使用Animate 2024中的各种工具。
- 掌握Animate 2024中多种不同的动画制作方法。

二、相关知识点

（1）“影片剪辑”元件：Animate 2024中功能和用途最多的元件，用于创建一段有独立主题内容的动画片段，在动画中可以重复使用。

（2）脚本：为“按钮”元件添加脚本后，可以通过按钮来控制影片的播放。

三、实验内容

制作按钮控制蜻蜓飞过荷花的动画。

四、实验要点

- 创建蜻蜓影片剪辑元件。
- 制作蜻蜓飞行的引导动画。
- 利用遮罩动画制作文字彩色渐变动画效果。
- 在脚本按钮图层的第一帧添加动作脚本控制动画停止播放。
- 新建播放按钮元件拖放至舞台并修改名称。
- 为按钮元件添加脚本代码控制动画从第0帧播放。
- 保存文件为．FLA格式并导出影片为．SWF格式。

五、实验步骤

实验所用的素材存放在“实验\素材\实验20”文件夹中，实验样张存放在“实验\样张\实验20”文件夹中。

1. 新建一个 Animate 2024 文件

运行Animate 2024软件，执行“文件”|“新建”命令，在弹出的“新建文档”对话框中，选择“平台类型（ActionScript 3.0）”选项，单击“创建”按钮。

2．执行“修改”|“文档”命令，在弹出的“文档属性”对话框中，设置舞台尺寸为550×400像素、背景颜色为白色、帧频设置为12fps，单击“确定”按钮。

3．执行“文件”|“导入”|“导入到库”命令，将素材文件夹中“荷花.jpg”“蜻蜓01.png”“蜻蜓02.png”“播放按钮图片.jpg”导入到库面板中。

4. 制作蜻蜓影片剪辑

①新建影片剪辑元件“蜻蜓”。执行“插入”|“新建元件”命令，在弹出的“创建新元件”对话框中，设置名称为“蜻蜓”，类型选择“影片剪辑”，单击“确定”按钮。

②制作元件“蜻蜓”动画效果。在元件编辑模式下，选择“图层1”图层第1帧，将库面

板中“蜻蜓01.png”拖到舞台中，将其“水平居中”“垂直居中”。选择“图层1”图层第2帧，插入空白关键帧，将库面板中的“蜻蜓02.png”拖到舞台中，将其“水平居中”“垂直居中”。此时通过逐帧动画原理实现了影片剪辑元件“蜻蜓”的动画效果。

5. 制作背景图层

①重命名背景图层。返回至场景编辑模式，将“图层_1”图层重命名为“背景”图层。

②制作背景。选择“背景”图层第1帧，将库面板中的“荷花.jpg”拖到舞台中，将其“水平居中”“垂直居中”。在“背景”图层第50帧，插入关键帧，将背景延长至50帧。

6. 制作蜻蜓曲线飞行动画

①新建“蜻蜓飞行”图层。在“背景”图层上面插入新图层，将图层重命名为“蜻蜓飞行”。

②制作元件“蜻蜓”直线飞行第1帧。选择“蜻蜓飞行”图层第1帧，将库面板中的影片剪辑元件“蜻蜓”拖到舞台左上角荷花处，执行“修改”|“变形”|“水平翻转”命令转换蜻蜓方向。单击工具面板中“任意变形工具”按钮，调整元件“蜻蜓”至合适大小。

③制作元件“蜻蜓”直线飞行动画效果。选择“蜻蜓飞行”图层第20帧，插入关键帧，将元件“蜻蜓”移动到目标荷花尖处。右击“蜻蜓飞行”图层第1帧，在打开的快捷菜单中选择“创建传统补间”命令，此时元件“蜻蜓”可完成直线飞行动画效果。

④制作元件“蜻蜓”曲线飞行动画效果。在时间轴面板左边的图层控制区右击“蜻蜓飞行”图层，在打开的快捷菜单中选择“添加传统运动引导层”命令，在“蜻蜓飞行”图层上面添加了引导层。单击工具面板中“铅笔工具”按钮，设置“笔触颜色”为红色、粗细为2，在引导层第1帧画一个蜻蜓飞行的曲线运动轨迹。分别单击“蜻蜓飞行”图层第1帧、第20帧，将元件“蜻蜓”的中心点移动到曲线运动路径上，完成引导层动画。如图20-1所示。

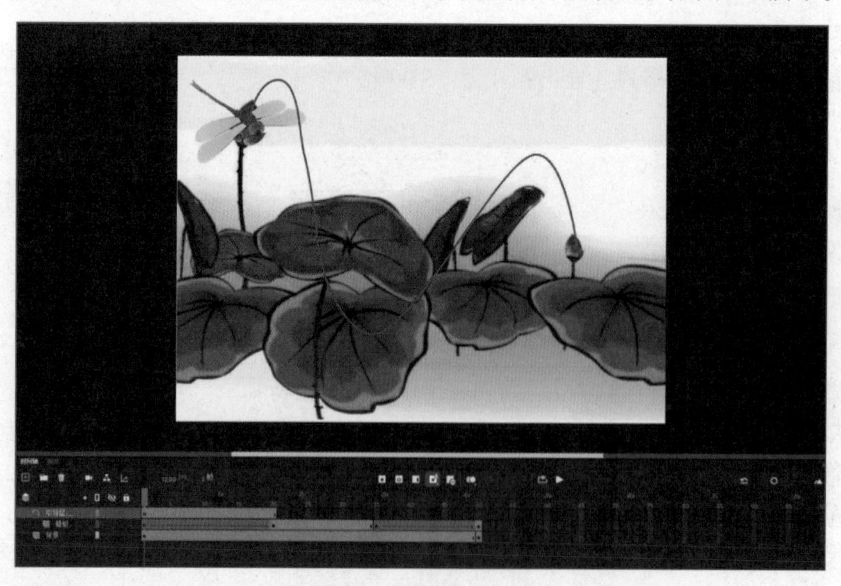

图 20-1 “蜻蜓”飞行引导动画完成后的时间轴

7. 制作蜻蜓曲线停留和飞出舞台的动画

①制作元件“蜻蜓”停留。在“蜻蜓飞行”图层第35帧插入关键帧，实现“蜻蜓”从20

帧至35帧停留在荷花尖的效果。

②制作元件“蜻蜓”飞行出画效果。在“蜻蜓飞行”图层第50帧插入关键帧，将元件“蜻蜓”按照飞行轨迹移出舞台之外。右击“蜻蜓飞行”图层第35帧，在打开的快捷菜单中选择“创建传统补间”命令，此时元件“蜻蜓”可完成停留后直线飞出舞台效果。完成后的时间轴如图20-2所示。注意：“引导层：蜻蜓飞行”图层只能延续到第20帧。

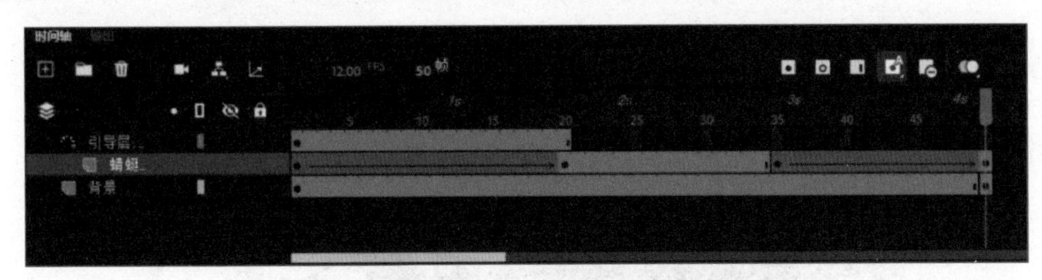

图 20-2 “蜻蜓”飞行引导动画完成后的时间轴

8. 制作文字动画

①新建“文本”图层。在“引导层：蜻蜓飞行”图层上面插入新图层，将图层重命名为“文本”。

②制作文字内容。单击“文本”图层第1帧，在适当位置输入文字“荷塘月色”，设置为华文行楷、55磅、蓝色；在第10、35帧插入关键帧，将第35帧中的文字修改为“蜻蜓点水”，设置为华文行楷、55磅、红色；在第50帧插入关键帧，选中“文本”图层第10帧，右击选择文字对象，执行快捷菜单中的“分离”操作2次，将文字对象转换为矢量图形。对“文本”图层第35帧中的文字对象执行同样分离操作，如在分离操作中发现文字颜色变浅了，可利用选择工具选择分离后的矢量图形，选择“属性”面板中“填充颜色”，修改Alpha值为100%即可。

③制作文字变换动画效果。右击“文本”图层第10帧，在打开的快捷菜单中选择“创建补间形状”命令，此时文字可由蓝色“荷塘月色”变为红色“蜻蜓点水”，完成后的时间轴如图20-3所示。

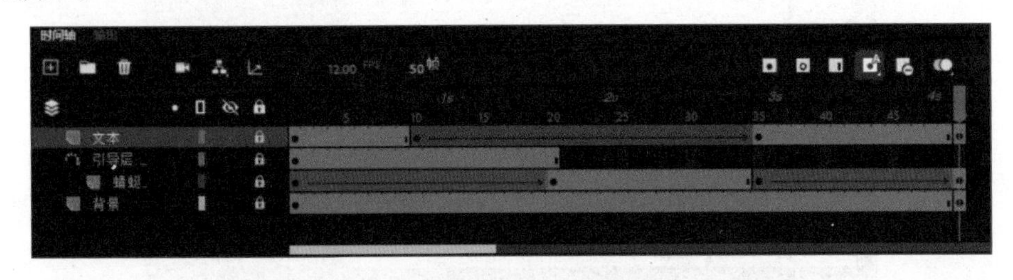

图 20-3 “文本”图层形状补间动画完成后的时间轴

9. 利用遮罩动画制作彩色文字效果

①新建图层。在“文本”图层上插入两个新图层，将新图层分别重命名为“文本1”和“彩条”。

②复制文本帧。右击“文本”图层的第35帧，在打开的快捷菜单中选择“复制帧”命令；右击“文本1”图层的第35帧，在打开的快捷菜单中选择“粘贴帧”命令，锁定“文本1”图层。

③删除“文本”图层的第36~50帧。单击“文本”图层的第36帧，按住【Shift】键后单

击“文本”图层的第50帧，选择“文本”图层的第36~50帧，右击，在打开的快捷菜单中选择“删除帧”命令，删除“文本”图层的第36~50帧。

④制作彩条。右击“彩条”图层的第35帧，在打开的快捷菜单中选择“插入空白关键帧”命令，选择工具栏中“矩形工具”，在打开的属性面板中，设置“笔触颜色”为无、“填充颜色”为彩虹色。在舞台中绘制一个彩色矩形，大小位置如图20-4所示。

图 20-4　第 35 帧彩条位置

⑤制作“彩条”图层第50帧。右击“彩条”图层的第50帧，在打开的快捷菜单中选择“插入关键帧”命令，将彩条平移到右侧，如图20-5所示。右击“彩条”图层的第35帧，在打开的快捷菜单中选择“创建补间形状”命令。

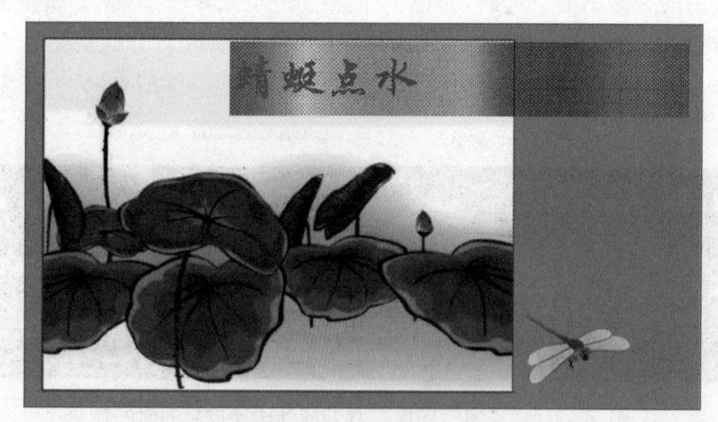

图 20-5　第 50 帧彩条位置

⑥制作遮罩动画。在时间轴面板的图层控制区，右击“文本1”图层，在打开的快捷菜单中选择“遮罩层”命令，“文本1”图层转换为遮罩层，“彩条”图层转换为被遮罩层，如图20-6所示。

10. 利用脚本控制动画

①新建“脚本按钮”图层。在“文本”图层上面插入新图层，将图层重命名为“脚本按钮”。

图 20-6　遮罩动画完成后的画面

②添加脚本使动画停止在第1帧。单击“脚本按钮”图层第1帧，执行“窗口”|“动作”命令（或右击第1帧，在打开的快捷菜单中选择“动作”命令）。打开动作面板，输入以下代码“this.stop()；”，如图20-7所示。

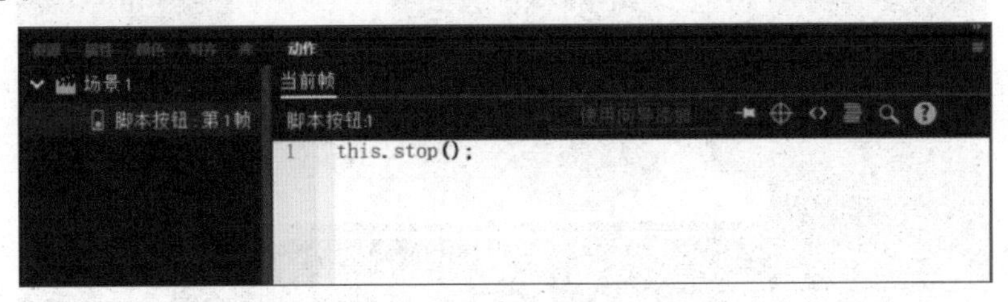

图 20-7　为“脚本按钮”图层第 1 帧输入代码

③测试影片。按【Ctrl+Enter】组合键查看当前动画效果，动画静止在第1帧无法继续播放。

11. 添加播放按钮控制动画播放

①新建按钮元件“播放按钮”。执行“插入”|“新建元件”命令，设置名称为“播放按钮”，类型选择“按钮”，单击“确定”按钮。

②制作按钮元件“播放按钮”。在元件编辑模式下，将库面板中的“播放按钮图片.jpg”拖到“图层1”图层的“弹起”帧舞台中，将其“水平居中”“垂直居中”。按【Ctrl+B】组合键分离图片对象，再利用工具面板中的“魔术棒”工具去除按钮图片的白色背景，只保留按钮本身。在“指针经过”“按下”“单击”帧都插入关键帧，得到和“弹起”帧一样的内容。

③将按钮添加到舞台。返回至“场景”编辑模式，选中“脚本按钮”图层第1帧，将库面板中按钮元件“播放按钮”拖到舞台适当位置，并在属性面板中将此按钮实例名称修改为“btnPLAY”。

④制作按钮控制动画效果。选中按钮元件“播放按钮”，执行“窗口”|“动作”命令。在动作面板中，单击“代码片断”工具❮❯。在弹出的“代码片断”窗口中，依次单击展开

“ActionScript” -> “时间轴导航”，双击“单击以转到帧并播放”。在“动作”面板中，将自动出现的代码片断中“gotoAndPlay”参数设置为0，完成后的“动作”面板如图20-8所示。

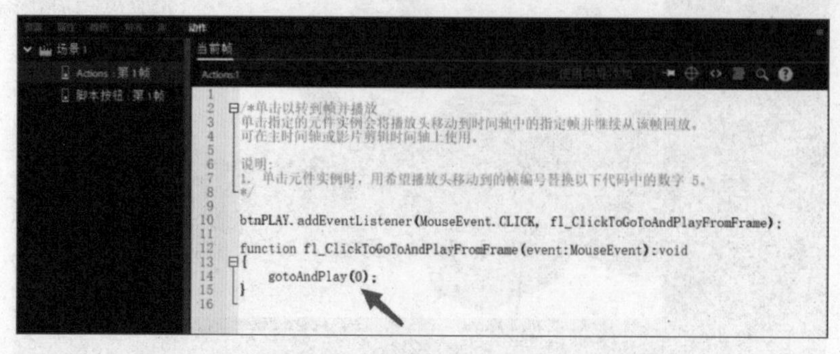

图 20-8　为按钮添加脚本代码

12. 完成后的时间轴和舞台

制作完成后的最终时间轴和舞台效果如图20-9所示。

图 20-9　动画完成后的时间轴及舞台

13. 最终效果

执行“控制” | “测试影片” | “在Animate中”命令，查看动画效果。最终效果如样张“an5yz.swf”所示。

14. 保存文件

执行“文件” | “保存”命令，将文件以“an5.fla”为文件名保存在指定的文件夹中。

15. 导出文件

执行“文件” | “导出” | “导出影片”命令，导出文件的文件名为“an5.swf”。

六、思考题

（1）如何创建“影片剪辑”元件？

（2）如何创建“按钮”元件？

（3）如何为“按钮”元件添加脚本，控制动画播放？

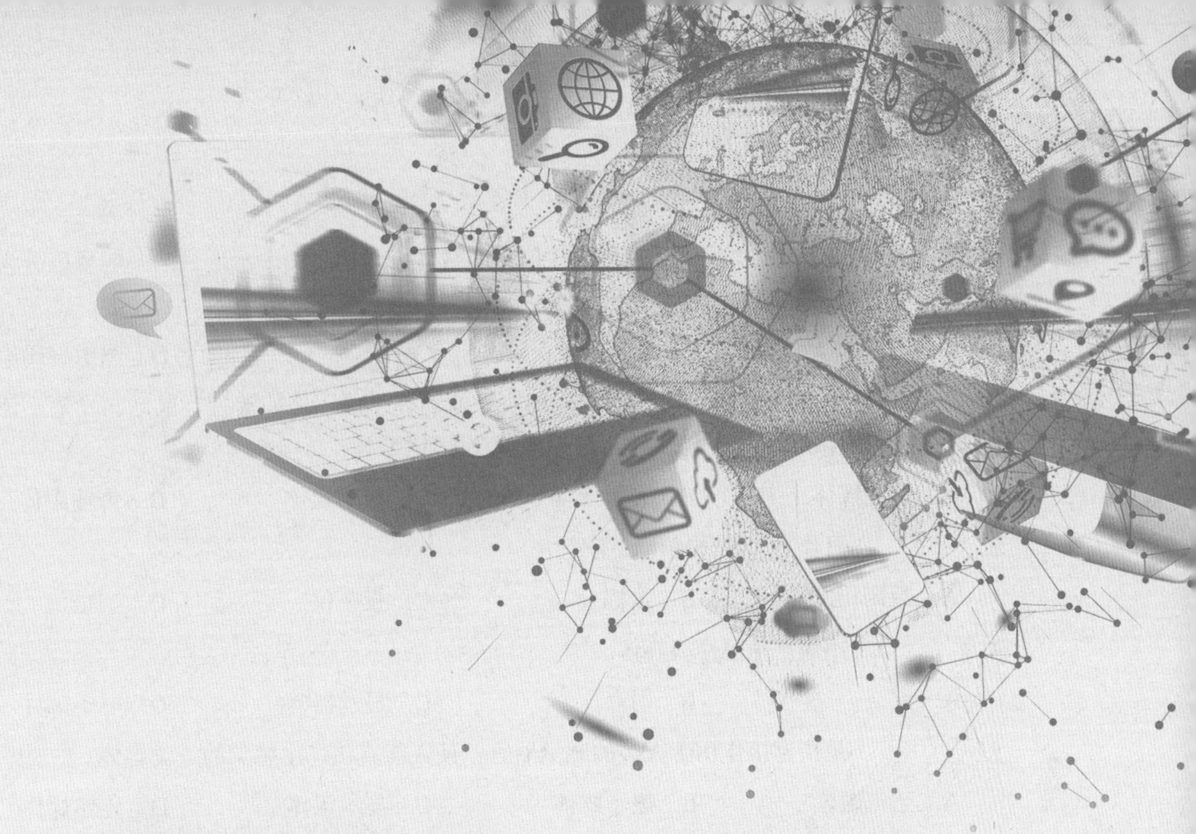

第二部分

练习题

一、单选题

1. 媒体也称媒介或传播媒体，它是承载信息的载体，是信息的表示形式。一般可以分为6种类型，其中，在下述媒体中属于表示媒体的是（　　）。

A. 语言　　B. 硬盘　　C. 内存　　D. 图像编码

2. （　　）是指人们获取信息或者再现信息的物理手段，例如键盘、鼠标、光笔、话筒、扫描仪、数码相机、摄像机显示器、打印机和投影仪等。

A. 感觉媒体　　B. 表示媒体　　C. 显示媒体　　D. 传输媒体

3. （　　）可作为多媒体输出设备使用。

A. 数码相机　　B. 鼠标　　C. 投影仪　　D. 扫描仪

4. （　　）不属于信息交换媒体。

A. 网络　　B. 内存　　C. 显示器　　D. 电子邮件

5. （　　）是指直接作用于人类的感觉器官，使人能直接产生感觉的一类媒体。

A. 感觉媒体　　B. 表示媒体　　C. 显示媒体　　D. 传输媒体

6. 媒体在计算机中有两种含义：一是指用于存储信息的实体；二是指信息载体。下列属于信息载体的有（　　）。

A. 文本　　B. 纸张　　C. 电缆　　D. 磁盘

7. 多媒体技术中必不可少的技术是（　　）。

A. 虚拟内存管理　　B. 计算机技术
C. 数据压缩技术　　D. 通信技术

8. 目前，多媒体关键技术中还不包括（　　）。

A. 数据压缩技术　　B. 视频信息处理
C. 神经元计算机技术　　D. 虚拟现实技术

9. 以下（　　）不是多媒体技术的主要处理对象。

A. 文字　　B. 图像　　C. 动画　　D. 计算机

10. （　　）是采用算法语言或某些应用软件生成的，具有体积小、线条圆滑变化的特点。

A. 文字　　B. 图像　　C. 动画　　D. 图形

11. （　　）是采用像素点描述的自然影像。

A. 文字　　B. 图像　　C. 动画　　D. 图形

12. （　　）是通过把人、物的表情、动作、变化等分段画成许多画幅，再通过某种设备连续播放一系列的画面，从而在视觉上造成连续变化的画面效果。

A. 文字　　B. 图像　　C. 动画　　D. 图形

13. 视频信号是指电视信号、静止图像信号和可视电视图像信号。以下（　　）不是视频信号制式。

A. NTSC　　B. PAD　　C. PAL　　D. SECAM

14．以下（　　）不是多媒体技术的基本特征。

A．集成性　　B．交互性　　C．实时性　　D．独立性

15．（　　）是指人和计算机能够“对话”，使人可以选择控制应用过程，是多媒体应用技术的关键特性。

A．集成性　　B．交互性　　C．实时性　　D．独立性

16．（　　）是指将多种媒体有机地组织在一起，形成一个完整的整体以及这些媒体相关的设备集成。

A．集成性　　B．交互性　　C．实时性　　D．独立性

17．多媒体技术中的（　　）特征需要考虑时间特性，例如存取数据的速度、解压缩以及最后的播放速度的实时处理。

A．集成性　　B．交互性　　C．实时性　　D．独立性

18．一个完整的多媒体计算机系统由硬件和软件两部分组成，以下（　　）不是硬件系统设备。

A．计算机　　B．数码相机

C．多媒体投影仪　　D．多媒体书报

19．一种比较确切的说法是：多媒体计算机是能够（　　）的计算机。

A．接收多媒体信息

B．输出多媒体信息

C．将多种媒体的信息融为一体进行处理

D．播放CD音乐

20．多媒体计算机系统是能进行获取、（　　）、存储和播放多媒体信息的计算机系统。

A．点播　　B．显示　　C．采集　　D．编辑

21．根据多媒体的特性，以下不属于多媒体范畴的是（　　）。

A．网络游戏　　B．电子相册　　C．视频会议　　D．模拟电视

22．在多媒体系统自上而下的层次结构中，顶层是（　　）。

A．多媒体应用系统　　B．多媒体创作系统

C．多媒体输入/输出接口　　D．多媒体外围设备

23．多媒体核心系统软件在多媒体计算机系统的层次结构中的位置是（　　）。

A．在多媒体I/O接口与多媒体素材制作平台之间

B．在多媒体创作系统与多媒体应用系统之间

C．在多媒体计算机基本硬件与多媒体I/O接口之间

D．在最底层

24．多媒体（　　）接口是多媒体硬件和软件的桥梁。它主要负责完成各类多媒体硬件设备的驱动控制，并提供相应的软件接口，以便于高层软件系统的调用。

A．用户界面　　　　B．输入/输出
C．操作界面　　　　D．网络设备

25．多媒体计算机系统自上而下的层次结构主要包括（　　）。

①多媒体应用系统②多媒体外围设备③多媒体核心系统软件④多媒体创作系统⑤多媒体I/O接口⑥多媒体素材制作平台⑦多媒体计算机基本硬件

A．①④⑥③⑤⑦②　　　　B．①②③④⑤⑥⑦
C．①⑤⑥④③⑦②　　　　D．②⑦⑤③⑥④①

26．多媒体板卡是建立多媒体应用程序工作环境必不可少的硬件设备，以下（　　）不是常用的多媒体板卡。

A．网卡　　　　B．音频卡
C．视频采集卡　　　　D．显示卡

27．（　　）是处理和播放多媒体声音的关键部件，是计算机处理声音信息的专用功能卡。

A．网卡　　　　B．音频卡
C．视频采集卡　　　　D．显示卡

28．通过（　　）上的输入/输出接口可以将模拟摄像机、录像机、LD视盘机、电视机等输出的视频数据或者视频音频的混合数据输入计算机，并转换成计算机可辨别的数字数据，存储在计算机中，成为可编辑处理的视频数据文件。

A．网卡　　　　B．音频卡
C．视频采集卡　　　　D．显示卡

29．（　　）是计算机主机与显示器之间的接口，用于将主机中的数字信号转换成图像信号并在显示器上显示出来，它决定屏幕的分辨率和显示器上可以显示的颜色。

A．网卡　　　　B．音频卡
C．视频采集卡　　　　D．显示卡

30．以下（　　）不是扫描仪的主要技术指标。

A．分辨率　　　　B．色彩位数
C．灰度值　　　　D．信噪比

31．在多媒体输入/输出设备中，既是输入设备又是输出设备的是（　　）。

A．显示器　　　　B．扫描仪
C．触摸屏　　　　D．打印机

32．触摸屏技术是一种广泛应用的交互式输入技术，目前手机等移动设备所采用的触摸屏传感类型是（　　）。

A．电容式　　　　B．电阻式
C．表面声波式　　　　D．红外式

33．根据传感器的类型，触摸屏一般可分为红外线式、电阻式、表面声波式和（　　）4种。

A．响应式　　B．电容式
C．指点式　　D．交互式

34．刷新速度是指屏幕画面每秒刷新的次数，一般达（　　）帧以上，保证人眼不会有闪烁感。

A．85　　B．60　　C．50　　D．75

35．（　　）不属于液晶显示器的优点。

A．辐射低　　B．画质精细
C．无线性失真　　D．可视偏转角度大

36．音频卡的主要功能是（　　）。

A．自动录音　　B．音频信号的输入/输出接口
C．播放VCD　　D．放映电视

37．下列关于音频卡的论述中正确的是（　　）。

A．音频卡的分类主要是根据采样的频率来分，频率越高，音质越好
B．音频卡的分类主要是根据采样信息的压缩比来分，压缩比越大，音质越好
C．音频卡的分类主要是根据接口功能来分，接口功能越多，音质越好
D．音频卡的分类主要是根据采样量化的位数来分，位数越高，量化精度越高，音质越好

38．流明是衡量（　　）的主要性能指标。

A．多媒体投影仪　　B．数码摄像机
C．数码相机　　D．触摸屏

39．按照触摸屏的工作原理和传输信息的介质，触摸屏大致被分为红外线式、电阻式、表面声波式和（　　）。

A．电容感应式　　B．响应式
C．指点式　　D．交互式

40．从系统资源占用情况看，适当调低显示器的刷新率（　　）。

A．会减轻显卡负担　　B．会增加系统资源负担
C．会增加显卡负担　　D．不影响系统资源占用状况

41．线性度与视差是衡量（　　）的主要性能指标。

A．多媒体投影仪　　B．数码摄像机
C．数码相机　　D．触摸屏

42．下列视频采集卡中，一般来说，性能指标最高的是（　　）。

A．专业级视频采集卡　　B．民用级视频采集卡
C．广播级视频采集卡　　D．家用视频采集卡

43．Adobe公司的Photoshop是一款基于像素的图像处理软件，该软件属于（　　）。

A．多媒体应用系统　　B．多媒体创作系统
C．多媒体素材制作平台　　D．多媒体核心系统软件

44．1984年，美国Apple公司推出被认为是代表多媒体技术兴起的（　　）计算机，开创了用计算机进行图像处理的先河。

A．Amiga　　B．Macintosh
C．Compact Disc Interactive　　D．Digital Video Interactive

45．1985年美国Commodore公司推出了世界上第一台真正的多媒体系统（　　），该系统以其功能完备的视听处理能力、大量丰富的实用工具以及性能优良的硬件，使全世界看到了多媒体技术的未来。

A．Amiga　　B．Macintosh
C．Compact Disc Interactive　　D．Digital Video Interactive

46．最早用图形用户接口（GUI）取代计算机用户接口（CUI）的公司是（　　）。

A．美国无线电公司RCA　　B．美国Commodore公司
C．美国Apple公司　　D．荷兰Philips公司

47．（　　）是腾讯公司于2011年推出的一个为智能手机提供即时通信服务的免费应用程序。

A．微博　　B．微信　　C．博客　　D．QQ

48．目前多媒体技术正向两个方向发展：一个方向是多媒体终端的部件化、智能化和嵌入化；另一个方向是（　　）。

A．多媒体网络化发展趋势　　B．多媒体简约化发展趋势
C．多媒体大型化发展趋势　　D．多媒体智能化发展趋势

49．嵌入式多媒体系统可应用在人们生活与工作的各个方面，以下（　　）不属于嵌入式多媒体系统在家庭领域电子产品中的应用。

A．数字机顶盒　　B．网络冰箱
C．电子邮件　　D．WebTV

50．下列各组应用中，不属于多媒体技术应用的是（　　）。

A．计算机辅助训练　　B．脉冲电话
C．虚拟现实　　D．网络视频会议

51．多媒体技术在教育领域方面的应用主要体现在计算机辅助教学、计算机辅助学习、计算机化教学、计算机化学习、计算机辅助训练以及计算机管理教学。其中“计算机辅助教学”的缩写是（　　）。

A．CAI　　B．CAL　　C．CAM　　D．CAT

52．“视频会议”属于多媒体技术应用领域的（　　）方面。

A．信息服务　　B．过程模拟领域
C．军事　　D．通信与网络协作

53．“可视电话”主要体现了多媒体技术的（　　）基本特性。

A．多样性　　B．可扩充性　　C．集成性　　D．实时性

54．（　　）是一种利用宽带互联网、多媒体、通信等多种技术于一体，向家庭用户提供包括数字电视在内的多种交互式服务的崭新技术。

A．IDTV　　B．PPTV　　C．IPTV　　D．IGTV

55．移动媒体是指基于（　　）和无线数字通信技术而开发的一种电信增值服务。

A．数字电视　　B．VOD

C．服务器　　D．个人移动数字处理终端

56．在计算机内，多媒体数据最终是以（　　）形式存在的。

A．二进制代码　　B．特殊的压缩码

C．模拟数据　　D．图像

57．（　　）直播软件采用的是比较先进的技术，用户越多，速度反而越快。彻底改变了用户量和网络带宽之间的老大难问题。

A．P2P　　B．B2B　　C．C2C　　D．B2C

58．“虚拟现实技术”属于多媒体技术应用领域的（　　）方面。

A．信息服务　　B．过程模拟领域

C．军事　　D．通信与网络协作

59．计算机多媒体技术中采用的虚拟现实技术，属于（　　）的范围。

A．虚拟内存　　B．家庭影院管理

C．多功能家政管理　　D．实时处理

60．VR（虚拟现实）环境系统的3个基本特性是（　　）、交互、构想，虚拟技术的核心是建模与仿真。

A．沉浸　　B．3D　　C．体感　　D．环幕

61．下面（　　）说法是正确的。

A．有损压缩压缩比大于无损压缩

B．无损压缩压缩比大于有损压缩

C．无损压缩和有损压缩两者的压缩比一样大

D．无损压缩和有损压缩两者的压缩比大小无法比较

62．下面（　　）编码属于预测编码。

A．PCM　　B．LZW　　C．MPEG　　D．LPC

63．有一模拟信号，其最大频率为48 kHz，在转换为数字信号时，为保证信号不失真，采样频率最低必须为（　　）kHz。

A．24　　B．48　　C．96　　D．192

64．下面（　　）信息应该应用无损压缩。

A．音频　　B．应用软件　　C．图像　　D．视频

65．下面属于统计编码的是（　　）。

A．ADPCM　　B．PCM
C．霍夫曼编码　　D．LPC

66．帧间预测编码技术被广泛应用于（　　）编码。

A．语音　　B．视频　　C．图像　　D．文字

67．JPEG是（　　）编码格式。

A．语音　　B．视频　　C．图像　　D．文字

68．DPCM中文全称是（　　）。

A．脉冲编码调制　　B．差分脉冲编码调制
C．自适应差分脉冲编码调制　　D．线形编码预测

69．ADPCM中文全称是（　　）。

A．脉冲编码调制　　B．差分脉冲编码调制
C．自适应差分脉冲编码调制　　D．线形编码预测

70．LPC中文全称是（　　）。

A．脉冲编码调制　　B．差分脉冲编码调制
C．自适应差分脉冲编码调制　　D．线形编码预测

71．PCM中文全称是（　　）。

A．脉冲编码调制　　B．差分脉冲编码调制
C．自适应差分脉冲编码调制　　D．线形编码预测

72．下面所述的压缩算法，（　　）压缩算法最好。

A．压缩算法简单，压缩和解压缩速度慢
B．压缩算法复杂，压缩和解压缩速度快
C．压缩算法简单，压缩和解压缩速度快
D．压缩算法复杂，压缩和解压缩速度慢

73．有一字符串“AAAA77DDDHHAA”，用行程编码技术进行编码，编码后的结果为（　　）。

A．4A273D2H2A　　B．*4A*27*3D*2H*2A
C．*6A*27*3D*2H　　D．6A273D2H

74．对以下字符序列进行行程编码，（　　）可以获得最高的压缩比。

A．AAADDDFRRGHDDDK　　B．AAADDDDDRRGDDDDMN
C．BBDDDDRRRRRRKKK　　D．AAAADDDDRRGGGGFHT

75．采用霍夫曼编码时，下面（　　）说法是正确的。

A．概率大的符号编码长度短，概率小的符号编码长度长

B．概率大的符号编码长度长，概率小的符号编码长度短

C．概率大的符号编码长度长，概率小的符号编码长度长

D．编码长度和符号概率大小无关

76．帧间内插法是在系统的发送端每隔一段时间丢弃一帧或几帧图像，在接收端利用图像的帧间相关性将丢弃的帧通过内插恢复出来，以防止帧率下降引起闪烁和动作不连续。这个方法是利用了数据的（　　）的原理来实现的。

A．空间冗余　　B．视觉冗余
C．统计冗余　　D．结构冗余

77．对多媒体信息采用压缩技术是为了解决（　　）的问题。

A．数据量过大　　B．信息的综
C．信息的相关性　　D．以上都不对

78．在编码中可以除去或减少的数据称为（　　）。

A．有效数据　　B．无效数据
C．冗余数据　　D．无用数据

79．流媒体就是应用流技术，在网络上传输（　　）。

A．视频　　B．多媒体文件
C．音频　　D．图片

80．与单纯的下载方式相比，流式传输方式具有的优点是：对系统缓存容量的需求大大降低并且（　　）。

A．下载速度快　　B．需要的网络设备少
C．启动延时大幅度缩短　　D．提供服务多

81．表示流媒体视频码率的单位是（　　）。

A．PIXEL　　B．BPS　　C．fps　　D．Hz

82．网络多媒体是（　　）相互渗透和发展的产物。

A．多媒体和网络　　B．多媒体、通信、计算机和网络
C．多媒体和通信　　D．多媒体、通信和网络

83．需要通过网络实时传输（　　）等多媒体数据的场合越来越多。

A．音频和视频　　B．Word文件
C．图片　　D．动画文件

84．流媒体业务对网络拥塞、（　　）和抖动极其敏感。

A．速率　　B．丢包率　　C．时延　　D．信息错误

85．资源预留协议是（　　）。

A．RTP　　B．RSVP　　C．RTCP　　D．QoS

86．RSVP是由（　　）执行操作的协议。

A．接收方　　B．发送方
C．发送方和接收方共同　　D．网络管理者

87. RSVP协议中，数据包通过位于网络节点上的（　　）使用预留资源。

A. 带宽　　B. 流标记　　C. 滤包器　　D. 缓冲区

88. 多媒体传输协议中，（　　）协议在业务流传送前，预约一定的网络资源，建立静态或动态的传输逻辑通路，从而保证每个业务流有足够的"独享"带宽，提高QoS性能。

A. RTP　　B. RSVP　　C. RTSP　　D. MMS

89. RTP协议（实时传输协议）不适合（　　）应用。

A. 视频点播　　B. 电子邮件
C. 电视会议　　D. 可视电话

90. 目前使用的第二代互联网技术是（　　）。

A. IPV4　　B. IPV3　　C. IPV6　　D. IPV5

91. 时延是指一项服务从网络入口到出口的平均经过时间，在任何系统中，（　　）总是存在的。

A. 传播时延　　B. 排队时延　　C. 交换时延　　D. 分组时延

92. 多媒体应用大多是（　　）的，会涉及到点到点、点到多点、多点到多点等多种通信模式。

A. 集中式　　B. 分层式　　C. 综合型　　D. 分布式

93. 多媒体通信系统中，提供面向服务（如：身份验证、呼叫路由选择等）功能的部件是（　　）。

A. 网关　　B. 通信终端　　C. 会务器　　D. 服务器

94. 多媒体核心系统软件主要指（　　）和多媒体设备的驱动程序，其主要任务是控制多媒体设备的使用，协调软件环境的各项操作。

A. 多媒体应用系统　　B. 多媒体创作系统
C. 多媒体I/O接口　　D. 多媒体操作系统

95. 多媒体计算机系统是指能够进行获取、编辑、（　　）和播放多媒体信息的计算机系统。

A. 压缩　　B. 存储　　C. 采集　　D. 传输

96. 多媒体技术是以计算机为工具，接收、处理和显示由文字、（　　）、图像、动画和视频等表示的信息的技术。

A. 声音　　B. 编码　　C. 视觉　　D. 触觉

97. 多媒体数据库系统的层次结构与传统的关系数据库基本一致，包括（　　）、概念层和表现层。

A. 物理层　　B. 应用层　　C. 协议层　　D. 连接层

98. 多媒体通信系统的主要部件包括网关、会务器和（　　）。

A. 协议　　B. 通信终端
C. 视频采集器　　D. 解码器

99．多媒体作品创作的一般流程是（　　）。

A．需求分析、规划设计、素材的采集与加工、作品集成

B．需求分析、规划设计、素材的采集与加工、作品集成、测试与发布、评价

C．需求分析、规划设计、素材的采集与加工、作品集成、测试与发布

D．需求分析、规划设计、素材的采集与加工、作品集成、评价

100．多媒体作品制作过程中，会涉及到种类繁多、数据量巨大的素材，关于素材优化描述错误的是（　　）。

A．可以调整图像的尺寸　　B．不能明显影响用户体验

C．可以调整动画的帧频　　D．不能进行素材格式的转换

101．多媒体会议系统是计算机和通信技术结合的产物，充分体现了信息社会的（　　）特点。

A．数字化　　B．快速化　　C．现代化　　D．多样化

102．多媒体会议系统涉及的信息分为音频、（　　）、数据和控制信息四大类。

A．视频　　B．声音　　C．图片　　D．文字

103．多媒体会议系统要求网络基础设施具有较高的支持（　　）的能力。

A．快速传输图片　　B．无差错传输

C．实时传输　　D．快速传输视频

104．根据媒体的发展历程划分，（　　）媒体属于第四媒体。

A．广播　　B．报纸　　C．互联网　　D．电视

105．公民用以发布自己亲眼所见、亲耳所闻事件的载体，如博客、微博、微信等网络社区，通常称为（　　）。

A．存储媒体　　B．平面媒体

C．自媒体　　D．表示媒体

106．关于多点触控技术描述，错误的是（　　）。

A．多点触控是在同一显示界面上的多点或多用户的交互操作模式，摒弃了键盘、鼠标的单点操作方式

B．用户可通过单击、双击、平移、按压、滚动以及旋转等不同手势触摸屏幕

C．多点触控可以使用在展览馆、博物馆、科技馆、企业展厅、写字楼、俱乐部会所等信息展示场所

D．iPhone 4S及以上手机采用了电阻式多点触控技术

107．视频点播VOD由（　　）、传送网络和用户3大部分组成。

A．视频服务提供商　　B．视频

C．Internet服务提供商　　D．服务器

108．混合光纤同轴（HFC）具有现有其他网络无法比拟的（　　）优势。

A．带宽　　B．稳定
C．抗干扰能力强　　D．廉价

109．构造多媒体数据库的方法大致可以分为两类，其一是在关系数据库的基础上构造多媒体数据库，其二是（　　）。

A．在面向对象数据库的基础上构造多媒体数据库
B．在层次数据库的基础上构造多媒体数据库
C．在网状数据库的基础上构造多媒体数据库
D．在网络数据库的基础上构造多媒体数据库

110．在多媒体数据库管理系统的层次结构图中，（　　）可以分为视图层和用户层。

A．物理层　　B．概念层
C．表现层　　D．数据库层

111．多媒体数据库系统的层次结构与传统的关系数据库基本一致，自下而上依次为（　　）。

A．物理层、概念层和表现层
B．物理层、表现层和概念层
C．用户接口层、超文本抽象机和数据库层
D．用户接口层、数据库层和超文本抽象机

112．（　　）年北大西洋公约组织的计算机科学家在联邦德国召开国际会议，第一次讨论软件危机问题，并正式提出“软件工程”一词。

A．1956　　B．1958　　C．1966　　D．1968

113．（　　）是将软件生存周期划分为制定计划、需求分析、系统设计、软件编程、软件测试和软件维护等6个基本活动。

A．瀑布模型　　B．快速原型模型
C．螺旋模型　　D．智能模型

114．（　　）的关键在于尽可能快速地建造出软件原型，一旦确定了客户地真正需求，所建造地原型将被丢弃。

A．瀑布模型　　B．快速原型模型
C．螺旋模型　　D．智能模型

115．1988年，Barry Boehm正式发表了软件系统开发的（　　），它特别适合于大型复杂的系统。

A．瀑布模型　　B．快速原型模型
C．螺旋模型　　D．智能模型

116．（　　）在实施中要建立知识库，将模型本身、软件工程知识与特定领域的知识分别存入数据库。

A．瀑布模型 B．快速原型模型
C．螺旋模型 D．智能模型

117．在对现实世界向信息世界的抽象过程中，（ ）方法是一种广泛采用而且行之有效的成熟技术，该方法主要用来分析系统内容承载的数据模型。

A．E-S B．E-R C．A-S D．A-R

118．在多媒体课件系统设计的现代传播理论基础中，（ ）提出了“5W”传播理论。

A．施拉姆 B．拉斯威尔
C．贝罗 D．马斯洛

119．布鲁纳所认为的多媒体课件系统教学过程组织策略是（ ）。

A．螺旋式组织 B．渐进分化组织
C．自底向上/自顶向下组织 D．最短路径组织

120．以下（ ）不是多媒体应用系统目标分析的原则。

A．科学性 B．艺术性 C．仿真性 D．技术性

121．（ ）是增加了座椅特效盒环境特效的立体电影，它将听觉、视觉、嗅觉、触觉及动感等完美地融为一体，产生身临其境的参与感。

A．动感影院 B．3D影院
C．4D影院 D．5D影院

122．国际电报电话咨询委员会（CCITT）所制定的媒体类型不包括（ ）媒体。

A．显示 B．感觉 C．压缩 D．传输

123．互动地幕采用先进的计算机视觉技术和投影显示技术来营造一种奇幻动感的交互体验，系统可在观众脚下产生各种特效影像。当观众走过互动区域时，通过（ ），该观众的动作可以与地幕系统进行实时交互。

A．视觉系统识别 B．语音系统识别
C．投影系统识别 D．网络系统识别

124．基于富网络应用（RIA）的多媒体创作工具通过网络发布，解决了普通桌面应用程序的发布和更新问题，同时具有良好的用户交互体验。目前RIA的几个应用框架主要包括Animate Builder、JQuery、Silverlight和（ ）等。

A．HTML2 B．HTML3 C．HTML4 D．HTML5

125．利用多媒体丰富的表现形式和（ ）技术，能够设计出逼真的仿真训练系统，也可以模拟设备运行、化学反应和天体演化等过程。

A．虚拟现实 B．信息服务
C．网络通信 D．数据压缩

126．利用干涉或衍射原理记录并再现物体的三维图像，在三维空间中呈现物体的立体影像，该技术称为（ ）技术。

A．数字 B．立体 C．虚拟 D．全息

127. 媒体在计算机领域中有两种含义：一是指信息存储实体，二是指（　　）。

A. 传输媒介　　B. 感觉媒体
C. 信息载体　　D. 交互数据

128. 热标是确定多媒体信息关联的链源，其形式一般有热字、热区、热元、热点、热属性等几种，其中（　　）主要用于动态视频、声音等时基类媒体在时间轴上的触发转移。

A. 热字　　B. 热区　　C. 热点　　D. 热元

129. 如果在多媒体作品中每切换一个界面就变换一套不同的交互方法，这违背了交互设计的（　　）原则。

A. 定位　　B. 平衡性　　C. 可视化　　D. 一致性

130. 三维全景是指将摄像机拍摄的水平方向360°，垂直方向180°的多张照片拼接成一张全景图像，采用计算机图形图像技术构建出（　　），让使用者能够控制浏览的方向，可左可右、可上可下观看物体或场景，产生身临其境的感受。

A. 全景空间　　B. 漫游大师
C. 造景空间　　D. 建模空间

131. 人类语音的频带宽度通常为（　　）Hz。

A. 100~10 000　　B. 1~100
C. 1~1 000　　D. 10~1 000

132. 通常情况下，理想的压缩算法表现为（　　）。

A. 压缩算法简单，压缩和解压缩速度慢
B. 压缩算法复杂，压缩和解压缩速度快
C. 压缩算法简单，压缩和解压缩速度快
D. 压缩算法复杂，压缩和解压缩速度慢

133. 网络多媒体服务质量（QoS）的类型可以划分为确定型、（　　）和统计型三种。

A. 线性型　　B. 指数型　　C. 流程型　　D. 尽力型

134. 微软2017年推出的（　　）全息眼镜是融合CPU、GPU和全息处理器的特殊眼镜，可让用户进入虚拟世界，以周边环境为载体进行全息体验。

A. Oculus　　B. GEAR
C. Hololens　　D. HTC Vive

135. 为减轻CPU的压力，一些声卡上装有（　　）芯片，用于压缩 / 解压缩数字音频信号，使用数字信号处理方法完成语音编码、语音合成、语音识别。

A. Mixer　　B. MIDI　　C. ALU　　D. DSP

136. 下列关于多媒体数据压缩的说法，不正确的是（　　）。

A. 冗余压缩是一个不可逆过程，也叫有失真压缩
B. 数据之间尤其是相邻数据之间，通常存在相关性

C. 可以通过某些变换尽可能地去掉数据之间的相关性

D. 去除数据中的冗余信息，可以实现对数据的压缩

137. 显示分辨率格式1080i中的字母i表示隔行扫描，其扫描步骤为（　　）。

A. 先扫描奇数行再扫描偶数行　　B. 先扫描偶数行再扫描奇数行
C. 由顶向下顺序扫描各行　　D. 由下向上顺序扫描各行

138. 需求分析是多媒体作品创作流程的第一个环节，（　　）不属于需求分析阶段的工作任务。

A. 确定对象和目标　　B. 设计结构与界面
C. 明确条件与限制　　D. 确定内容和形式

139. 液晶显示器的主要技术指标有可视面积、（　　）、色彩度、亮度、对比度和信号响应时间。

A. 点距　　B. 场频
C. 扫描带宽　　D. 帧频

140. 一张蓝光单碟光盘可以存储（　　）GB的文件。

A. 4.7　　B. 9　　C. 17　　D. 25

141. 在以下多媒体通信协议中，（　　）协议用于预留通信所用的资源，其主要作用是为了保证网络服务质量。

A. RTCP（Real-Time Transport Control Protocol）
B. RTP（Real-Time Transport Protocol）
C. RSVP（Resource Reserve Protocol）
D. SIP（Session Initiation Protocol）

142. 在音频卡驱动程序中，通常具有（　　）程序，可以利用它进行多种特效处理，如回音、静噪、淡入淡出、交换声道等。

A. Mixer　　B. DSP　　C. MIDI　　D. PCM

143. 增强现实技术(Augmented Reality Technique，简称AR)，又称“增强现实”、“混合现实”，它将计算机生成的（　　）叠加到真实世界的场景之上，实现了对真实世界的增强。

A. 网络拓扑　　B. 交互热点
C. 数据库　　D. 虚拟物体

144. 将模拟声音信号转换为数字音频信号的数字化过程是采样->量化->（　　）。

A. 压缩　　B. 编码　　C. 存储　　D. 传输

145. 人耳可听到的声音范围是有限的，人耳的可听域在（　　）Hz之间。

A. 50~7 000　　B. 100~10 000
C. 10~40 000　　D. 20~20 000

146. 我们常说的音量是指（　　）。

A. 音调　　B. 音强　　C. 音色　　D. 音频

147. 当采样频率高于输入信号中最高频率的（　　）倍时，就可以从采样信号重构原始信号。

A. 一　　B. 二　　C. 三　　D. 四

148.（　　）采样理论指出：采样频率不应低于声音信号最高频率的两倍，这样就能把数字声音还原为原始的声音效果。

A. 卡鲁扎-克莱恩　　B. 多米诺
C. 奈奎斯特　　D. 香农

149. 下列采集的波形声音质量最好的是（　　）。

A. 单声道、8位量化、22.05 kHz采样频率
B. 双声道、8位量化、44.1 kHz采样频率
C. 单声道、16位量化、22.05 kHz采样频率
D. 双声道、16位量化、44.1 kHz采样频率

150. MP3能够以（　　）对数字文件进行压缩。

A. 高音质、低采样率　　B. 高音质、高采样率
C. 低音质、低采样率　　D. 低音质、高采样率

151. 采样精度是每次采样的数据位数，16位量化的含义是每个采样点可以表示（　　）个量化值。

A. 64　　B. 256　　C. 1 024　　D. 65 536

152. 采样精度是每次采样的数据位数，8位量化的含义是指每个采样点可以表示（　　）个量化值。

A. 8　　B. 16　　C. 64　　D. 256

153. 两分钟单声道，16bit采样位数，22．05kHz采样频率未压缩的WAV文件的数据量约为（　　）。

A. 5.05 MB　　B. 10.09 MB
C. 80.72 MB　　D. 20.18 MB

154. 以22.05kHz采样频率，16位采样精度，双声道形式记录一首两分钟的数字音乐，未经压缩时的存储容量约为（　　）MB。

A. 5.05　　B. 10.09　　C. 20.18　　D. 80.72

155. 在数字音频信息获取与处理过程中，正确的顺序是（　　）。

A. A/D变换、采样、压缩、存储、解压缩、D/A变换
B. 采样、压缩、A/D变换、存储、解压缩、D/A变换
C. 采样、A/D变换、压缩、存储、解压缩、D/A变换
D. 采样、D/A变换、压缩、存储、解压缩、A/D变换

156. 大自然中的声音大部分是（　　）。

A. 基音　　B. 纯音　　C. 复音　　D. 谐音

157. 对声音信息进行采样时，采样频率（　　）。

A. 可高一些，使声音的保真度好　　B. 越低越好，可以减少数据量
C. 不能自行选择　　D. 只能是22.05 kHz

158. 下述声音分类中质量最好的是（　　）。

A. 数字激光唱盘　　B. 调频无线电广播
C. 调幅无线电广播　　D. 电话

159.（　　）是图像最基本的单位。

A. 像素　　B. 厘米　　C. 毫米　　D. 英寸

160. 矢量图是采用（　　）描述的图形，一般由点、线、矩形、多边形等几何图形组成。

A. 物理方法　　B. 颜色模型
C. 数学方法　　D. 颜色深度

161. 像素深度是指存储每个像素所用的位数。一幅彩色图像的每个像素用R、G、B3个分量表示，如果每个分量为8位，则像素深度为（　　）。

A. 8　　B. 24　　C. 2^8　　D. 16

162. 矢量图是用一系列计算机指令绘制的图形，（　　）不是矢量图格式文件。

A. AI　　B. DWG　　C. PNG　　D. WMF

163. RGB模式是日常生活中最常见的一种模式，由红、绿、（　　）3种颜色叠加产生的加色模式。

A. 黄　　B. 黑　　C. 白　　D. 蓝

164.（　　）又称减色模式。

A. RGB模式　　B. CMYK模式
C. Lab模式　　D. HSB模式

165. 灰度模式只有（　　）色。

A. 灰度　　B. 纯黑　　C. 纯白　　D. 黑白

166. 索引颜色模式是使用最多含有256种颜色来表现彩色图像的模式，只支持（　　）位色彩。

A. 32　　B. 16　　C. 8　　D. 24

167.（　　）格式的图像文件支持动画效果。

A. PNG　　B. PSD　　C. GIF　　D. BMP

168. ACDSee和（　　）是常用的图像处理软件。

A. Animate　　B. Photoshop
C. 3D MAX　　D. Dreamweaver

169. 在计算机中，采用（　　）表示图像。

A. 矢量图法　　B. 描点法
C. 点位图法　　D. 扫描法

170. 在计算机中，采用（　　）表示图形。

A. 矢量图法　　B. 描点法
C. 点位图法　　D. 扫描法

171. 在计算机中表示圆，点位图文件占据的存储器空间比矢量图文件（　　）。

A. 小　　B. 大
C. 相同　　D. 无法比较

172. 在计算机中，矢量图文件的大小主要取决于图的（　　）。

A. 复杂程度　　B. 在屏幕上显示的位置
C. 图的大小　　D. 线段的粗细

173. 对于一幅复杂的彩色照片，在计算机中采用（　　）表示。

A. 点位图法　　B. 矢量图法
C. 扫描法　　D. 描点法

174. 计算机屏幕分辨率为1024×768，表示（　　）个像素。

A. 786 002　　B. 786 432　　C. 1 024　　D. 768

175. 用600DPI来扫描一幅8英寸×10英寸的彩色图像，会得到（　　）个像素的数字图像。

A. 600×8×10　　B. 600×8×600×10
C. 600×8×10×1 000　　D. 600×8×600×10×1 000

176. 对于1 080P全高清视频图像，分辨率为1 920×1 080像素，30帧/秒，每个像素24位，压缩比为5：1，则每秒视频的容量约为（　　）MB。

A. 35.60　　B. 177.98
C. 284.77　　D. 36 450.00

177. 关于矢量图的描述，（　　）是不正确的。

A. 容量大小主要与图形的复杂程度有关

B. AutoCAD、Illustrator和CorelDraw都是矢量图形设计软件

C. 矢量图适合表现颜色细节

D. 矢量图常用于插图、Logo设计等

178. 在用扫描仪扫描彩色图像时，通常要指定图像的分辨率，分辨率越高（　　）。

A. 像素就越少　　B. 图像文件越小
C. 图像文件越失真　　D. 像素就越多

179.（　　）。

A. 1/3　　B. 1/5　　C. 1/2　　D. 1/4

180. CMYK颜色模式是（　　）普遍使用的色彩模式。

A. 彩色打印机　　B. 计算机屏幕显示
C. 扫描仪　　D. 印刷中

181. 与设备无关的颜色模式是（　　），是一种独立于各种输入、输出设备的表色体系。

A. CMYK模式　　B. RGB模式
C. Lab模式　　D. HSB模式

182. 我们通常用到的模式转换（如RGB转CMYK的分色过程）都要以（　　）作为中间环节。

A. Lab模式　　B. HSB模式
C. 位图模式　　D. 灰度模式

183. 灰度模式能够产生色调丰富的（　　）。

A. 红色图像　　B. 彩色图像
C. 黑白图像　　D. 蓝色图像

184. JPEG是一种有损压缩格式，压缩图像数据时可获得较高的压缩率。它的压缩比通常为（　　）。

A. 1：1~4：1　　B. 5：1～40：1
C. 100：1～400：1　　D. 1 000：1～4 000：1

185. 动画能够在人的视觉中产生连续运动效果，是基于人类视觉的（　　）生理现象。

A. 视网膜对像素的分辨　　B. 视觉暂留
C. 瞳孔反射　　D. 虹膜对光通量的调节

186. 动画由内容连续但又各不相同的画面组成，如果以每秒（　　）幅画面的速度播放，人眼就可以看到连续的画面。

A. 6　　B. 24　　C. 12　　D. 16

187. 在动画制作中，（　　）是最基础的动画表现方法，每一帧的内容都不同，需要一帧一帧绘制。

A. 路径动画　　B. 粒子动画
C. 变形动画　　D. 逐帧动画

188. 在生物界，许多动物如鸟、鱼等以群体的方式运动。这种运动既有随机性，又有一定的规律性。（　　）制作技术成功地解决了这一问题。

A. 群体动画　　B. 粒子动画
C. 变形动画　　D. 逐帧动画

189. 迪斯尼公司的动画师总结的动画原理中，关于重量和受力的原理是（　　）。

A. 预备动作　　B. 追随与交搭动作
C. 压缩与拉伸　　D. 慢入与慢出

190．迪斯尼公司的动画师总结的动画原理中，关于惯性规律的原理是（　　）。

A．预备动作
B．追随与交搭动作
C．压缩与拉伸
D．慢入与慢出

191．迪斯尼公司的动画师总结的动画原理中，（　　）原理是指将角色的局部或者大部分强化到极致，以表现角色的力量和精神状态，为动画增添可信有趣的视觉效果。

A．夸张
B．立体造型
C．吸引力
D．预备动作

192．在动画制作中，（　　）可以使一个对象逐渐变成另一个完全不同的对象，或者改变一个对象的形状。

A．路径动画
B．粒子动画
C．变形动画
D．逐帧动画

193．在动画制作中，（　　）使对象沿曲线运动。

A．群体动画
B．粒子动画
C．逐帧动画
D．路径动画

194．计算机动画是动画艺术和（　　）相结合的产物，它综合利用艺术、计算机技术、数学、物理等学科的知识。

A．数据库技术
B．计算机图形图像处理技术
C．网络技术
D．声音处理技术

195．目前全世界有NTSC、PAL、SECAM和HDTV几种常见的彩色电视制式，其中HDTV制式的宽高比是（　　）。

A．4∶3　　B．16∶9　　C．16∶12　　D．12∶9

196．以下不属于动态图像的技术参数的是（　　）。

A．帧速度
B．图像质量
C．压缩比
D．数据量

197．视频数字化后，就能做到模拟视频许多无法实现的事情。主要是（　　）。

①数字视频的优点之一是便于处理；
②数字视频再现性好；
③数字视频不会因复制、传输和存储而产生图像质量的变化；
④数字视频可以通过网络共享很方便地进行长距离传输；
⑤数字视频在传输过程中不容易产生信号的损耗与失真；

A．①②③　　B．②③⑤　　C．③④⑤　　D．全部

198．以下软件属于视频编辑软件的是（　　）。

A．Photoshop
B．Audition
C．After Effects
D．Director

199．常见的视频信号有（　　）。

A．电视和电影
B．手机和电视

C．手机和电影　　D．手机和电台

200．“动画和电视工程师协会”采用的时码标准为SMPTE，其格式为（　　）。

A．小时:分钟:帧:秒　　B．帧:小时:分钟:秒
C．小时:帧:分钟:秒　　D．小时:分钟:秒:帧

201．DVD视频采用的是（　　）压缩标准。

A．MPEG-1　　B．MPEG-2
C．MPEG-3　　D．MPEG-4

202．NTSC制式影片的帧速率是（　　）。

A．24　　B．25　　C．29.97　　D．35

203．利用视频图像各帧之间的时间相关性，用（　　）编码技术可以减少视频图像信号的冗余度。该编码方法被广泛地用于视频图像压缩。

A．算术　　B．帧内预测
C．统计　　D．帧间预测

204．以下说法正确的是（　　）。

A．硬件压缩速度快，成本低；软件压缩速度慢，成本高
B．硬件压缩速度慢，成本低；软件压缩速度快，成本高
C．硬件压缩速度快，成本高；软件压缩速度慢，成本低
D．硬件压缩速度慢，成本高；软件压缩速度快，成本低

205．数字视频采用的是（　　）。

A．线性编辑方式　　B．非线性编辑方式
C．径向编辑方式　　D．非径向编辑方式

206．以下说法中正确的是（　　）。

A．视频压缩比一般指压缩前的数据量与压缩后的数据量之比
B．视频压缩比一般指压缩后的数据量与压缩前的数据量之比
C．视频压缩比一般指压缩后的数据量与压缩前、后的数据量之和之比
D．视频压缩比一般指压缩后的数据量与压缩前的数据量之差与压缩后的数据量之比

207．利用视频文件编辑软件，可以对视频文件进行（　　）。

A．剪辑、传输、配解说词等多种加工编辑
B．压缩、合成、配解说词等多种加工编辑
C．剪辑、合成、配解说词等多种加工编辑
D．压缩、传输、配解说词等多种加工编辑

208．数据压缩时，丢失的数据率与压缩比有关，（　　）。

A．压缩比越小，丢失的数据越少，解压缩后的效果越好
B．压缩比越大，丢失的数据越多，解压缩后的效果越差
C．压缩比越大，丢失的数据越少，解压缩后的效果越好
D．压缩比越小，丢失的数据越多，解压缩后的效果越差

209.（　　）指的是运用闪联协议、Miracast协议等，通过WI-FI网络连接，在不同多媒体终端上同时共享展示内容，丰富用户的多媒体生活。简单的说，就是几种设备的屏幕，通过专门的连接设备就可以互相连接转换。

A．单点登录　　B．多屏互动
C．媒体拼接　　D．共享组播

210.（　　）不属于多媒体存储设备。

A．磁盘阵列　　B．网络存储器
C．网络交换机　　D．光盘刻录机

211．“4K”是一种新兴的数字内容分辨率标准，其横向约为（　　）像素（pixel），电影行业常见的4K分辨率包括 Full Aperture 4K和Academy 4K等标准。

A．1 000　　B．2 000　　C．4 000　　D．8 000

212．3D动画的设计原理是在三维世界中按照要表现的对象建立（　　）以及场景，再根据要求设定其运动轨迹、虚拟摄影机的运动和其他动画参数，最后为其赋上特定的材质，并打上灯光，通过计算机自动运算，生成最后的动画。

A．元件　　B．模型　　C．舞台　　D．关键帧

213．Camtasia录像软件可以快速录制PPT视频，并可转换为（　　），发布为Web形式。

A．文本　　B．交互式视频
C．HTML　　D．3D动画

214．在多媒体传输协议中，（　　）协议对流媒体提供了远程控制功能，如暂停、快进等，但它本身并不传输数据，而是通过传输层的相关多媒体协议进行数据传输。

A．RTP　　B．RSVP　　C．MMS　　D．RTSP

215．在多媒体技术的发展过程中，（　　）技术解决了多媒体信息数据量大的瓶颈。

A．模拟　　B．虚拟　　C．网络　　D．压缩

216．AE文件扩展名的格式是（　　）。

A．.aep　　B．.jpg　　C．.bmp　　D．.psd

217．采用DIN插座输入方式录音时其电信号值应该是（　　）。

A．20 mV左右　　B．30 mV左右
C．50 mV左右　　D．20 mV~100 mV左右

218．在自然日光中，夏天晴天中午的日光色温是（　　）。

A．1 850 K　　B．3 500 K
C．5 400 K　　D．10 000 K

219．闪光灯的发光点灭时间比较短，一般为（　　）左右。

A．1/10 s　　B．1/100 s
C．1/1 000 s　　D．1/10 000 s

220．应用闪光灯照相时，通过调节（　　）来控制闪光曝光量。

A. 光圈孔径　　B. 曝光时间
C. 焦距　　D. 色温

221. 红绿蓝三种颜色的数值分别为100，100，200，则混合后组合亮度的数值为（　　）。

A. 100　　B. 200　　C. 133　　D. 130

222. 下列（　　）不属于色彩的基本属性。

A. 色相　　B. 亮度　　C. 饱和度　　D. 色温

223. 摄像机由近推远，画面构图由小范围景别向大范围景别连续过渡，被摄主体由大到小。其作用是描写被摄主体与周围整个环境的关系。这是（　　）运动镜头。

A. 推镜头　　B. 拉镜头　　C. 摇镜头　　D. 移镜头

224.（　　）指镜头始终对准运动着的被摄对象移动拍摄，获得的景别大体不变，只是背景改变。

A. 跟镜头　　B. 拉镜头　　C. 摇镜头　　D. 移镜头

225. 景别是由视距决定的。视距是在不使用变焦镜头的情况下，从拍摄点到被拍摄物体之间的距离。（　　）主要用来表示广阔的地理位置和环境气氛。

A. 全景　　B. 中景　　C. 远景　　D. 近景

226. 视频拍摄时，人工布光顺序为（　　）。

A. 主光→辅助光→轮廓光→装饰光
B. 装饰光→主光→辅助光→轮廓光
C. 主光→轮廓光→辅助光→装饰光
D. 主光→轮廓光→装饰光→辅助光

227. Audition可以处理多达（　　）轨的音频信号。

A. 32　　B. 64　　C. 128　　D. 256

228. 在Audition中，双声道声音会在波形显示区中显示两个波形，左声道在（　　）位置。

A. 左　　B. 右　　C. 上　　D. 下

229. 在Audition中，波形显示区下方的横坐标表示（　　）。

A. 振幅　　B. 音轨数　　C. 振波　　D. 时间

230. Audition属于（　　）多媒体制作软件。

A. 图像处理软件　　B. 动画制作软件
C. 声音处理软件　　D. 办公自动化软件

231. 在Audition中，利用（　　）功能，可以设置不同音轨中的多个音频素材之间的相对时间位置和音轨位置保持不变。

A. 包络编辑　　B. 剪辑淡化
C. 将剪辑分组　　D. 合并音频

232．MIDI文件所描述的是一组（ ）。

A．模拟音频　　B．时序命令
C．数字音频　　D．波形信号

233．MIDI接口是一种常见的数字（ ）输出合成接口。

A．视频　　B．音频　　C．图像　　D．图形

234．在Audition的多轨编辑模式中，如果要将音频分割，可执行（ ）命令。

A．剪切　　B．分离　　C．修剪　　D．剪辑

235．在Audition的多轨编辑模式中，如果要将不同位置处的音频的时间位置固定，可执行（ ）命令。

A．锁定　　B．合并　　C．吸附　　D．编组

236．Photoshop默认的图像文件格式是（ ）。

A．.GIF　　B．.JPG　　C．.PSD　　D．.TIF

237．在Photoshop中，使用仿制图章工具取样时，应按住（ ）键的同时单击要仿制的图像。

A.【Shift】　　B.【Alt】　　C.【Ctrl】　　D.【Tab】

238．在Photoshop中，图层总是自下而上堆叠在一起，（ ）总是处于最下面。

A．文字图层　　B．形状图层
C．背景图层　　D．普通图层

239．在Photoshop中，按（ ）组合键后可以自由变换图像。

A.【Ctrl+U】　　B.【Ctrl+T】　　C.【Ctrl+F】　　D.【Ctrl+C】

240．在Photoshop中，“波浪”“极坐标”等效果都属于（ ）滤镜效果。

A．模糊　　B．扭曲　　C．渲染　　D．杂色

241．在Photoshop中，要调整建立的图像选区大小，可以应用（ ）命令。

A．自由变换　　B．变换
C．变换选区　　D．平滑

242．在Photoshop中，使用魔棒工具时，其工具选项栏中有个容差选项，该容差的取值范围（ ）。

A．0~100　　B．0~155　　C．0~255　　D．0~250

243．在Photoshop中，路径可以由（ ）工具建立。

A．铅笔　　B．画笔　　C．钢笔　　D．毛笔

244．在Photoshop中，打开一幅图像后，如果要改变图像像素大小，则可以应用（ ）命令。

A．图像大小　　B．画布大小
C．自由变换　　D．变换选区

245．在Photoshop中，下面（　　）可以一次性对图像使用多个滤镜。

A．锐化　　B．艺术效果
C．渲染　　D．滤镜库

246．在Photoshop中，用椭圆形选择工具进行正圆选择时，应同时按（　　）键。

A．【Tab】　　B．【Shift】　　C．【Ctrl】　　D．【Alt】

247．在Photoshop中，RGB模式的图像共有（　　）通道并存于通道控制面板中。

A．1个　　B．2个　　C．3个　　D．4个

248．在Photoshop软件中，当新建一个文件时，在“新建文档”对话框中不可以设定图像（　　）。

A．宽度和高度　　B．分辨率
C．颜色模式　　D．文件格式

249．Photoshop在一个图像中最多可创建的图层数目为（　　）个。

A．99　　B．250　　C．255　　D．无数

250．在Photoshop中，按住（　　）键单击图层左侧的眼睛图标，可只显示该图层而隐藏其他图层。

A．【Tab】　　B．【Shift】　　C．【Ctrl】　　D．【Alt】

251．Photoshop图像处理软件中的（　　）主要用于调整图像的饱和度。

A．海绵工具　　B．修补工具
C．涂抹工具　　D．锐化工具

252．Photoshop中关于图层描述正确的是（　　）。

A．调整图层的顺序可能会影响到图像的最终效果
B．可以任意调整背景图层的位置
C．只能对相邻图层进行合并图层操作
D．可以为背景图层添加图层样式

253．在Photoshop中对图像进行自由变换操作，可以配合（　　）键使图像以其中心点为基准进行缩放。

A．【Shift】　　B．【Ctrl】　　C．【Alt】　　D．【space】

254．在Animate中，（　　）在时间轴中以一个黑色实心圆表示。

A．普通帧　　B．关键帧
C．补间帧　　D．空白关键帧

255．在Animate中，（　　）在时间轴中以一个空心圆表示。

A．普通帧　　B．关键帧
C．补间帧　　D．空白关键帧

256．在Animate中，（　　）是进行动画创作的重要工具，用来组织动画中的资源并且

控制动画的播放。

A．时间轴面板　　B．库面板
C．变形面板　　D．属性面板

257．在Animate中，文本框中的文本是一个整体，执行（　　）命令，可以将原来的单个文本框拆分为多个文本框。

A．缩放　　B．分离　　C．扭曲　　D．组合

258．在Animate中，可以对舞台中的对象进行旋转、缩放、扭曲等处理的工具是（　　）。

A．选择工具　　B．任意变形工具
C．缩放工具　　D．渐变变形工具

259．在Animate中，3D旋转工具只能用于（　　）元件的实例。

A．按钮　　B．图形
C．影片剪辑　　D．所有

260．在Animate中，通过（　　），可以创建一系列链接的对象，轻松创建链型效果。

A．骨骼工具　　B．文本工具
C．选择工具　　D．铅笔工具

261．在Animate中，（　　）创建的是形状逐渐变化的动画效果。

A．动作补间动画　　B．遮罩动画
C．形状补间动画　　D．骨骼动画

262．（　　）是Animate中使用最多的动画制作方法，用来制作一个对象因属性的变化而产生的动画效果。

A．动作补间动画　　B．形状补间动画
C．逐帧动画　　D．引导动画

263．在Animate的遮罩动画中，看到的是（　　）中的对象。

A．遮罩层　　B．被遮罩层
C．引导层　　D．所有图层

264．一个Animate的动画，就是一个扩展名为（　　）的文档。

A．.fla　　B．.wav　　C．.psd　　D．.ppt

265．在Animate中，对已经有渐变填充或位图填充的区域，可以使用（　　）改变这些区域的填充效果。

A．任意变形工具　　B．颜料桶工具
C．渐变变形工具　　D．刷子工具

266．使用Animate的绘图工具绘制的图形是（　　）。

A．位图　　B．矢量图形
C．嵌入式图形　　D．组合图形

267．在Animate中，对锁定的图层不可执行的操作是（　　）。

A. 修改帧　　B. 删除帧
C. 插入关键帧　　D. 修改图层名称

268.（　　）是Animate中存放共享资源的场所。

A. 项目　　B. 场景　　C. 组件　　D. 库

269. 在Animate中，按（　　）键可以在时间轴指定帧位置插入关键帧。

A.【F5】　　B.【F6】　　C.【F4】　　D.【F2】

270. 在Animate中，时间轴的垂直方向是（　　）。

A. 帧　　B. 图层　　C. 场景　　D. 元件

271. 在Animate中，形状补间动画没有关于（　　）的设置。

A. 运动速度　　B. 旋转
C. 同步　　D. 声音

272. 在Animate中，按钮元件有四个帧状态，其中（　　）帧定义鼠标的响应区域。

A. "弹起"　　B. "指针经过"
C. "按下"　　D. "单击"

273. 在Animate中，如果要对用椭圆等工具绘制的图形设置动作补间动画，则必须先要将图形对象（　　）。

A. 分离一次　　B. 分离两次
C. 转换为元件　　D. 打散

274. Animate的补间动作动画中，如果将"缓动"的值由原来的0改为-100，则动画中对象的运动速度（　　）。

A. 不变　　B. 匀速
C. 先快后慢　　D. 先慢后快

275. Animate中，要从一个比较复杂的图形中选出不规则的一部分图形，应该使用（　　）工具。

A. 填充变形　　B. 套索
C. 滴管　　D. 颜料桶

276. Animate中元件的类型不包括（　　）。

A. 按钮　　B. 图形
C. 位图　　D. 影片剪辑

277. 在Animate中，只有（　　）对象才能用于制作形状补间动画。

A. 矢量图　　B. 位图
C. JPG格式图像　　D. TIF格式图像

278. 在Premiere中，一个动画素材的长度可以被：（　　）。

A. 任意拉长或缩短
B. 被裁剪后可以再拉长，但拉长不能超过素材原有长度

C．被裁剪后可以再拉长，但拉长不能超过素材原有长度的两倍

D．不能拉长或缩短

279．在Premiere中，时间线窗口中视频轨道最多可以有（　　）个。

A．49　　B．50　　C．99　　D．无数

280．在Premiere中为素材设置透明度，则其位置必须在（　　）。

A．视频1轨道　　B．视频2轨道

C．视频2及以上的轨道　　D．视频1及以上的轨道

281．在Premiere中，要在两个素材衔接处加入视频切换，则素材应按照（　　）方式进行排列。

A．分别放在上下相邻的两个视频轨道上且无重叠区域

B．两个素材在同一轨道上

C．可以放在任何视频轨道上

D．可以放在任何音频轨道上

282．在Premiere中，设置字幕从屏幕外开始向上飞滚，可以设置以下（　　）参数。

A．静止图像　　B．滚动　　C．向上滚动　　D．向左滚动

283．在Premiere中，对素材进行编辑的最小时间单位是（　　）。

A．帧　　B．秒　　C．毫秒　　D．分钟

284．如果视频的图像为彩色，分辨率（640*480像素），50帧/秒，每个像素24位，则每秒视频的容量约为（　　）。

A．43.95 MB　　B．351.6 MB

C．14.65 MB　　D．30 MB

285．在Premiere中存放素材的是（　　）面板。

A．节目监视器　　B．项目　　C．时间线　　D．效果控制

286．电视信号隔行扫描时，场频是帧频的（　　）倍。

A．4　　B．3　　C．2　　D．1

287．在Premiere中选择工具的快捷键是（　　）。

A.【V】　　B.【S】　　C.【A】　　D.【M】

288．在Premiere中，关于设置关键帧的方式描述正确的是（　　）。

A．仅可以在时间线面板中为素材设置关键帧

B．仅可以在时间线面板和效果控制面板中为素材设置关键帧

C．仅可以在效果控制面板中为素材设置关键帧

D．可以在时间线面板、效果控制面板、节目监视器面板中为素材设置关键帧

289．使用Premiere编辑视频，欲将一段素材画面自然流畅地转换到另一段素材画面，通常可使用（　　）视频过渡效果。

A．3D运动类　　B．沉浸式视频类　　C．划像类　　D．滑动类

290．数字视频制作过程中涉及的视频参数主要有3个：分辨率、帧率和（　　），分别表示视频的画面大小、每秒钟播放的视频画面数量以及单位时间内传送的数据量。

A．行频　　B．场频　　C．码率　　D．压缩率

291．影视后期制作分为视频合成和（　　）两部分，两者缺一不可。前者主要用于对众多不同元素进行艺术性组合和加工，实现特效、剪辑和片头动画，后者主要实现对数字化的媒体随机访问、不按时间顺序记录或重放编辑。

A．视频切换　　B．非线性编辑
C．视频生成　　D．视频资源存储

292．有些视频播放工具能够支持的视频格式有限，需要配合安装相应的（　　）才能进行播放。

A．存储器　　B．编解码器　　C．压缩器　　D．转换器

293．在Premiere中，将视频插入到时间轴面板后，其中的音频信号（　　）。

A．和视频信号共用一个轨道
B．会自动插入到音频轨道上
C．要用其他方法插入到音频轨道上
D．要先用音频处理软件从视频信号中分离后再插入

二、多选题

1．信息交换媒体用于存储和传输全部的媒体形式，可以是存储媒体、传输媒体或者是两者的某种结合。以下（　　）属于信息交换媒体。

A．内存　　B．网络
C．音乐　　D．电子邮件系统

2．以下媒体中属于感觉媒体的有（　　）。

A．音乐　　B．语言　　C．图像　　D．网络

3．以下媒体中属于显示媒体的有（　　）。

A．数码相机　　B．内存　　C．打印机　　D．显示器

4．媒体在计算机中有两种含义：一是指用于存储信息的实体；二是指信息载体；此外，还有用于传播信息的媒介。下列属于信息载体的有（　　）。

A．文本　　B．图像　　C．磁盘　　D．声音

5．多媒体技术是一门综合（　　）以及多种学科和信息领域技术成果的技术，是信息社会发展的一个新方向。

A．计算机技术　　B．行为技术
C．视听技术　　D．通信技术

6. 以下（　　）是多媒体技术的主要处理对象。

A. 文字　　B. 视频信号
C. 音频信号　　D. 动画

7. 多媒体技术的基本特性是（　　）。

A. 多样性　　B. 集成性　　C. 交互性　　D. 实时性

8. 一个完整的多媒体计算机系统是由硬件和软件两部分组成。其中硬件系统主要包括（　　）。

A. 计算机基本硬件　　B. 各种外围设备
C. 多媒体素材制作平台　　D. 多媒体应用系统

9. 一个完整的多媒体计算机系统是由硬件和软件两部分组成。其中软件系统主要包括（　　）。

A. 计算机基本硬件　　B. 多媒体创作系统
C. 多媒体素材制作平台　　D. 各种外围设备

10. 下面板卡中，（　　）属于多媒体板卡。

A. 硬盘接口卡　　B. 显示卡
C. 音频卡　　D. 视频采集卡

11. 多媒体外围设备包括各种媒体、视听输入/输出设备及网络设备。以下（　　）是多媒体外围设备。

A. 数码摄像机　　B. 扫描仪
C. 视频采集卡　　D. 触摸屏

12. 衡量数码相机的主要性能指标包括：（　　）。

A. 分辨率　　B. 彩色深度
C. 连拍速度　　D. 透光性

13. 以下（　　）是多媒体素材制作平台软件。

A. Photoshop　　B. IE
C. Animate　　D. Windows

14. 以下（　　）是新的传感技术。

A. 语音识别与合成　　B. 手写输入
C. 数据手套　　D. 电子气味合成器

15. 与模拟电视相比，数字电视的优势在于（　　）。

A. 清晰度高　　B. 频道数量成倍增加
C. 可开展多功能业务　　D. 抗干扰能力强

16. 根据多媒体的特性判断以下（　　）属于多媒体的范畴。

A. 交互式视频游戏　　B. 有声图书
C. 彩色画报　　D. 彩色电视

17. 多媒体技术应用的关键问题是（　　）。

A. 建立技术标准　　B. 压缩编码和解压
C. 提高开发质量　　D. 降低多媒体产品的成本

18. 数据压缩后，解压缩时可以把数据完全复原的称为（　　）。

A. 无损压缩　　B. 无失真压缩
C. 可逆压缩　　D. 有损压缩

19. 下面（　　）属于无损压缩编码。

A. JPEG　　B. LZW编码
C. 霍夫曼编码　　D. PCM编码

20. 下面（　　）属于有损压缩编码。

A. 预测编码　　B. 行程编码
C. 霍夫曼编码　　D. PCM编码

21. 下面（　　）信息应该应用无损压缩算法。

A. 文本　　B. 应用软件　　C. 图像　　D. 视频

22. 下面（　　）信息一般可以应用有损压缩算法。

A. 文本　　B. 应用软件　　C. 图像　　D. 视频

23. 下列（　　）编码是属于预测编码。

A. PCM　　B. ADPCM　　C. DPCM　　D. LPC

24. 下面（　　）说法是正确的。

A. 有损压缩是不可逆的　　B. 有损压缩是可逆的
C. 无损压缩是可逆的　　D. 无损压缩是不可逆的

25. 下面属于有损压缩的编码为（　　）。

A. LZW编码　　B. 变换编码
C. 混合编码　　D. 算术编码

26. 多媒体数据一般有格式数据和无格式数据两类。格式数据结构简单，处理方便。无格式数据具有（　　）特点。

A. 复合性　　B. 分散性
C. 时序性　　D. 数据量大

27. 目前最流行、成熟的流媒体制作、播放、服务端平台有（　　）。

A. Unix　　B. Apple
C. Microsoft　　D. RealNetworks

28. 流媒体的播放方式有（　　）等方式。

A. 单播　　B. 广播　　C. 组播　　D. 点播

29. 下列（　　）是专用的视频编解码处理压缩芯片。

A．ASIC　　B．PCI　　C．DSP　　D．DVR

30．（　　）是IPv6的特点。

A．更大的路由表　　B．更大的地址空间
C．更高的安全性　　D．地址长度为32

31．多媒体通信系统，目前应用较多的主要是（　　）。

A．多媒体会议系统　　B．数据检索
C．视频点播（VOD）系统　　D．交互式电视

32．（　　）是多媒体会议系统的关键技术。

A．编解码器　　B．压缩技术
C．多点传送　　D．会议控制

33．（　　）属于多媒体传输协议。

A．RTP协议　　B．HTTP协议
C．RSVP协议　　D．UDP协议

34．按照现代通信网络功能组成结构，通信网可分为（　　）。

A．交换网　　B．以太网　　C．接入网　　D．传输网

35．QoS的关键指标主要包括：可用性、吞吐量、（　　）。

A．时延　　B．抗干扰能力
C．时延变化　　D．丢失

36．多媒体数据库系统的层次结构为（　　）。

A．物理层　　B．概念层　　C．表现层　　D．用户层

37．5D影院利用座椅特效和环境特效，模拟了电闪雷鸣、风霜雨雪、爆炸冲击等多种特技效果，将（　　）和动感完美地融为一体。

A．视觉　　B．听觉　　C．嗅觉　　D．触觉

38．按照用户体验原则，多媒体交互式作品应该（　　）。

A．强制用户参与人机对话　　B．包含尽可能多的反馈信息
C．包含一个导航界面方便用户使用　　D．让观众随时了解浏览的位置

39．多媒体技术的处理对象主要包括（　　）。

A．图像　　B．动画　　C．音频　　D．视频

40．多媒体平台软件是多媒体产品开发进程中的重要部分，它是多媒体产品是否成功的关键，其主要作用有（　　）。

A．控制各种媒体的启动、运行与停止

B．协调媒体之间发生的时间顺序，进行时序控制与同步控制

C．生成面向用户的操作界面，设置控制按钮和功能菜单，以实现对媒体的控制

D．生成数据库，提供数据库管理功能

41．多媒体应用系统开发模型包括（　　）。

A．瀑布模型　　B．快速原型模型

C．螺旋模型　　D．黑盒/白盒模型

42．分辨率是决定HDTV（High Definition Television，高清晰度电视）清晰度的主要因素，目前达到了HDTV标准的分辨率有（　　）。

A．340 × 255　　B．720 × 576

C．1 280 × 720　　D．1 920 × 1 080

43．固态硬盘相比于机械硬盘的优势是（　　）。

A．读写速度快　　B．防震抗摔

C．低功耗　　D．低噪音

44．关于多媒体数据压缩的正确说法包括（　　）。

A．冗余度压缩是一个不可逆过程，也叫有失真压缩

B．数据中间尤其是相邻的数据之间，常存在着相关性

C．可以利用某些变换尽可能地去掉数据之间相关性

D．去除数据中的冗余信息，可以实现对数据的压缩

45．关于高清晰度多媒体接口HDMI，描述正确的是（　　）。

A．是一种数字化视频/音频接口技术，可同时传送音频和影像信号

B．无需在信号传送前进行数/模或者模/数转换

C．可搭配宽带数字内容保护（HDCP），以防止具有著作权的影音内容遭到未经授权的复制

D．是专用于视频传输的数字化接口，只传输影像信号

46．近年来，基于网络的多媒体开发语言HTML5发展迅速，（　　）。

A．大多数浏览器都支持HTML5技术

B．HTML5是组织网络多媒体文档重要的标记语言

C．基于WebGL及CSS3的3D功能，HTML5可在浏览器中呈现更好的视觉效果

D．HTML5不支持web端的video、audio等多媒体功能

47．目前显示适配器常见的输出接口有（　　）。

A．HDMI　　B．VGA　　C．DVI　　D．LPT

48．屏幕录像工具可以捕获动态的屏幕图像，（　　）等软件工具可以实现屏幕录像。

A．AviScreen　　B．HyperCam

C．Snagit 12　　D．Media Player

49．数码相机的性能指标包括（　　）等。

A．有效像素　　B．连拍速度

C．白平衡　　D．变焦范围

50. 数字视频制作过程中涉及的视频参数主要有码率、(　　)。

A. 刷新率　　B. 分辨率　　C. 波特率　　D. 帧率

51. 随着互联网+的发展，基于网络的多媒体作品开发需求日益增多，相应的多媒体开发语言或技术主要有(　　)。

A. VRML　　B. HTML5　　C. Web3D　　D. ADSL

52. 网络多媒体服务质量(QoS)是为网络多媒体业务定义的一组网络性能参数，其类型包括(　　)。

A. 确定型　　B. 统计型　　C. 流程型　　D. 尽力型

53. 相对于传统渲染农场，云渲染农场具有(　　)特点。

A. 能实现全天候服务　　B. 在线提交渲染任务
C. 实时查看渲染结果　　D. 在线下载渲染结果

54. 渲染云平台由SAAS层、PAAS层、IAAS层组成，其中属于PAAS功能的有(　　)。

A. 资源管理　　B. 计算任务调度
C. 数据存储　　D. 渲染管理Web应用

55. 声音的要素包括(　　)。

A. 音调　　B. 音色　　C. 音强　　D. 音频

56. 下列声音文件格式中，(　　)是波形文件格式。

A. .wav　　B. .avi　　C. .mp3　　D. .mdi

57. 以下对于声音的描述正确的是(　　)。

A. 声音是一种模拟量
B. 声音是一种数字量
C. 利用计算机录音时，通过对模拟声波先采样再量化转换成二进制数字量
D. 利用计算机录音时，通过对模拟声波先量化再采样转换成二进制数字量

58. 常用的音频采样频率主要包括(　　)。

A. 11.025 kHz　　B. 22.05 kHz　　C. 33.075 kHz　　D. 44.1 kHz

59. 影响数字音频信号质量的主要技术指标主要包括(　　)。

A. 采样频率　　B. 采样精度　　C. 声道数　　D. 编码算法

60. 常用的语音合成方法有(　　)。

A. 参数合成法　　B. 基音异步叠加法
C. 基音同步叠加法　　D. 基于数据库的语音合成方法

61. 语音合成技术的特点包括(　　)。

A. 自然度　　B. 清晰度　　C. 表现力　　D. 复杂度

62. 在语音识别技术中，“语音识别单元的选取”是语音识别研究的第一步。语音识别单元包括(　　)。

A. 音色　　B. 单词　　C. 音节　　D. 音素

63. 语音识别技术中所应用的模式匹配和模型训练技术主要有（　　）。

A. 动态时间归正技术　　B. 隐马尔可夫模型
C. 人工神经网络技术　　D. 人工智能技术

64. 常用的音频处理软件有（　　）。

A. Audition　　B. Animate　　C. GoldWave　　D. Director

65. HSB模式是一种基于人对颜色的感觉的色彩模式，是以（　　）为基础来描述颜色的。

A. 色相　　B. 饱和度　　C. 亮度　　D. 对比度

66. 在计算机中，经常遇到的分辨率有（　　）。

A. 文字分辨率　　B. 图像分辨率
C. 符号分辨率　　D. 显示分辨率

67. 下面（　　）说法是正确的。

A. 矢量图放大或缩小会失真
B. 点阵图放大或缩小不会失真
C. 通常点阵图占有的图像空间比较大
D. 点阵图也称位图

68. 灰度模式可以从（　　）转换得到。

A. RGB模式　　B. CMYK模式　　C. HSB模式　　D. Lab模式

69. 常用的图像处理软件有（　　）。

A. CorelDRAW　　B. Animate　　C. Illustrator　　D. Photoshop

70. 位图模式是用（　　）来表示图像中的像素。

A. 黑色　　B. 红色　　C. 白色　　D. 蓝色

71. 下列选项中，表示图像文件格式的有（　　）。

A. PNG格式　　B. JPEG格式
C. GIF格式　　D. xls格式

72. 图像文件格式JPEG格式具有的特点是（　　）。

A. 颜色数目较少　　B. 使用有损压缩格式
C. 能很好地再现全彩色图像　　D. 使用无损压缩格式

73. JPEG使用了（　　）统计编码方法。

A. 霍夫曼编码　　B. PCM编码
C. 算术编码　　D. 变换编码

74. YUV又称亮度色差模型。其中表示色差的信号是（　　）。

A. Y　　B. U　　C. V　　D. Y、U、V

75. 计算机动画已广泛应用于（　　）领域。

A. 网页设计　　B. 广告设计
C. 电影电视制作　　D. 游戏开发

76. 在群体动画制作技术中，群体的行为包含两个对立的因素，既要相互靠近又要避免碰撞。为了控制群体的行为，因遵循的原则是（　　）。

A. 碰撞避免原则　　B. 匀速运动原则
C. 速度匹配原则　　D. 群体合群原则

77. 动画中的运动是有规律可循的，根据迪士尼公司对于动画运动规律的总结，（　　）符合其动画原理。

A. 压缩与拉伸　　B. 预备动作
C. 夸张　　D. 慢入与慢出

78. 属于动画文件格式的有（　　）。

A. SWF格式　　B. FLA格式
C. JPG格式　　D. WAV格式

79. 在粒子动画中，每个粒子有共同的属性，如（　　）。

A. 速度　　B. 加速度
C. 颜色　　D. 生存周期

80. Animate支持的动画类型包括（　　）动画。

A. 骨骼　　B. 遮罩　　C. 补间　　D. 摄像机

81. 常用三维动画制作软件有（　　）。

A. Maya　　B. Animate
C. 3ds Max　　D. Audition

82. 下列选项中，常用视频文件的格式有（　　）。

A. AVI格式　　B. MPEG格式　　C. MOV格式　　D. JPG格式

83. 下面（　　）说法是正确的。

A. 电视的制式就是电视信号的标准
B. 不同的制式对视频信号的解码方式、色彩处理方式以及屏幕扫描频率的要求完全不同
C. 制式的区分主要在于帧频、分辨率、信号带宽以及载频、色彩空间的转换关系上
D. 全制式电视机可以在各个国家的不同地区使用

84. 数字视频信号的标准文件格式，使个人计算机（　　）视频信号成为可能。

A. 处理　　B. 交换　　C. 网络传输　　D. 保存

85. 减少数据量的方法有（　　）。

A. 数据压缩　　B. 减小画面尺寸
C. 降低帧速度　　D. 减少彩色数量

86. 模拟视频的数字化主要包括（　　）。

A. 色彩空间的转换　　B. 文件格式的转换
C. 分辨率的统一　　D. 光栅扫描的转换

87. 视频和图像的质量与（　　）有关。

A. 帧速度　　B. 原始数据
C. 视频压缩的强度　　D. 传输距离

88. 视频的特点是（　　）。

A. 直观、生动　　B. 传输速度快
C. 高分辨率　　D. 色彩逼真

89. 目前世界上模拟电视的制式包括（　　）。

A. NTSC　　B. PAL　　C. SECAM　　D. YUV

90. 下面（　　）光源属于自然光。

A. LED光　　B. 太阳光　　C. 月光　　D. 激光

91. 下列色彩中属于暖色调的是（　　）。

A. 青蓝色　　B. 红色　　C. 绿色　　D. 黄色

92. 淡调色彩主要表现（　　）视觉效果。

A. 淡雅　　B. 素洁　　C. 神秘　　D. 柔和

93. 视频拍摄中，在进行光位布光时，根据高低角度来分可以分为（　　）等。

A. 顶光　　B. 顺光　　C. 仰光　　D. 脚光

94. 视频拍摄时，运动镜头运用必须要注意的问题为（　　）等。

A. 起幅要稳，落幅要准　　B. 推拉镜头，速度均匀
C. 被摄物体，相对定位　　D. 光照合适，对比鲜明

95. 在Audition中的混响效果包括（　　）混响。

A. 环绕声混响　　B. 完美混响
C. 室内混响　　D. 混响

96. 在Audition中，要实现两段音频之间的过渡，可以应用（　　）方法。

A. 交叉衰减　　B. 淡入淡出
C. 音量包络编辑　　D. 混响

97. 在Photoshop中，使用工具箱中的选框工具创建选区时，（　　）是工具选项栏中包括的选区组合方式。

A. 新选区　　B. 添加到选区
C. 从选区减去　　D. 与选区交叉

98. 在Photoshop中，保存文件时，（　　）格式是可以选择的文件格式。

A. PSD　　B. JPG　　C. GIF　　D. PNG

99．在Photoshop中，下面（　　）说法是正确的。

A．形状工具用于建立普通图层　　B．形状工具用于建立形状图层
C．形状工具用于绘制选区　　D．形状工具用于绘制路径

100．在Photoshop中，下面（　　）说法是正确的。

A．选区可以转换为路径　　B．路径是位图
C．路径可以生成选区　　D．路径是矢量线段

101．在Photoshop中，色调调整工具有（　　）。

A．橡皮　　B．海绵　　C．淡化　　D．吸管

102．在Photoshop的RGB模式中，可以把彩色图像转变为黑白图像的命令有（　　）。

A．阈值　　B．色阶　　C．去色　　D．黑白

103．在Photoshop中，如果打开的一幅图像中人物的脸部或其他部位带有污点等杂点，可以使用（　　）工具快速修复图像中的杂点。

A．画笔　　B．图章　　C．钢笔　　D．修复

104．下列（　　）颜色模式是Photoshop支持的。

A．RGB　　B．黑白　　C．Lab　　D．CMYK

105．Animate中有几种不同类型的帧，它们是（　　）。

A．普通帧　　B．空白关键帧
C．特殊帧　　D．关键帧

106．Animate中时间轴面板分为左、右两个区域，这两个区域是（　　）。

A．按钮区域　　B．图层控制区
C．帧控制区　　D．选项区域

107．Animate的属性面板可以显示（　　）的属性。

A．工具　　B．文档　　C．元件　　D．帧

108．Animate有多种文本类型，它们是（　　）。

A．动态文本　　B．输入文本　　C．按钮文本　　D．静态文本

109．Animate中的元件有（　　）。

A．“图形”元件　　B．“文本”元件
C．“按钮”元件　　D．“影片剪辑”元件

110．在Animate动画中，可以包含（　　）等对象。

A．视频　　B．文字　　C．图片　　D．音频

111．在Animate中，可以使用滤镜功能的对象有（　　）。

A．按钮　　B．音频　　C．文本　　D．影片剪辑

112．在Animate中，有不同类型的图层，它们是（　　）。

A．引导层 B．普通图层
C．背景层 D．遮罩层

113．Animate动作补间动画，通过改变对象的（ ）等属性产生动画效果。

A．位置 B．大小 C．颜色 D．透明度

114．在Animate中，按钮元件的鼠标状态有（ ）。

A．弹起 B．按下 C．指针经过 D．单击

115．在Animate中，时间轴中帧的操作有（ ）。

A．复制帧 B．粘贴帧 C．移动帧 D．删除帧

116．可以将Animate动画作品发布为（ ）。

A．swf文件 B．html文件 C．fla文件 D．xls文件

117．在Animate中，使用动作补间动画，可以产生的的动画效果有（ ）。

A．让对象移动 B．让对象旋转
C．让对象变成另一个不同的对象 D．让对象颜色逐渐变淡

118．在Premiere中除了使用导入的素材，还可以建立一些新素材元素，其中包括：（ ）。

A．通用倒计时片头 B．彩条
C．黑场视频 D．颜色遮罩

119．在Premiere中可以使用以下（ ）方法导入素材。

A．执行“菜单”|“导入”命令
B．在项目面板空白处双击鼠标
C．在项目面板空白处右击鼠标，执行快捷菜单中的“导入”命令
D．直接将素材拖放到项目面板中

120．下列（ ）属于Premiere视频过渡方式的有。

A．水平翻转 B．滑动 C．交叉溶解 D．块溶解

121．在下列的Premiere视频效果中，可以设置关键帧的是（ ）。

A．镜头光晕 B．复制 C．百叶窗 D．黑白

122．在Premiere中，关于字幕设计窗口的叙述正确的是（ ）。

A．可以通过“导入”命令导入纯文本内容加以编辑制作字幕
B．可以在字幕设计窗口中设置修改路径文字
C．字幕设计窗口提供了一些字幕模板
D．字幕设计窗口中可以选择显示或隐藏安全区

123．在Premiere中，输出当前帧为静态图片的格式包括（ ）格式。

A．PNG B．GIF C．TGA D．JPEG

124. 在Premiere中关于节目监视器面板描述正确的说法有（　　　）。

A. 可以在其中设置素材的入点、出点

B. 可以改变静止图像的持续时间

C. 可以在其中为素材设置标记

D. 可以用来显示素材的Alpha通道

125. 以下关于Premiere的工具面板描述准确的是（　　　）。

A. 常规编辑界面下，工具栏以竖列显示工具

B. 常规编辑界面下，工具栏以横列显示工具

C. 工具栏在同一层级显示工具

D. 工具栏分层级显示工具

三、填空题

1. ____________是融合两种或者两种以上媒体的一种人-机交互式信息交流和传播媒体，使用的媒体包括文字、图形、图像、声音、动画和视频。

2. 媒体也称媒介或传播媒体，它是承载信息的载体，是信息的表示形式。媒体一般可以分为以下6种类型：感觉媒体、表示媒体、显示媒体、存储媒体、____________、信息交换媒体。

3. 媒体在计算机中有两种含义：一种是指用于存储信息的实体，例如纸张、磁盘、光盘等；另一种是____________。

4. 图像是采用像素点描述的自然影像，主要指具有23~232彩色数量的GIF、BMP、TGA、TIF、JPG格式的静态图像。图像采用____________方式，并可对其压缩，实现图像的存储和传输。

5. ____________是指人和计算机能够“对话”，使人可以选择控制应用过程，是多媒体技术的一个基本特征。

6. 音乐设备数字接口的英文缩写为____________。

7. ____________软件是利用扫描仪将文字信息输入到计算机中的应用软件，可将原本为图像格式的文字，识别并转换为可供编辑的文本格式的文字。

8. 数码摄像机的感光元件能把光线转变成电荷，通过模/数转换器芯片转换成数字信号，主要有两种：一种是广泛使用的CCD（电荷藕合）元件；另一种是____________（互补金属氧化物导体）器件。

9. ____________是计算机主机与显示器之间的接口，用于将主机中的数字信号转换成图像信号并在显示器上显示出来，它决定屏幕的分辨率和显示器上可以显示的颜色。

10. 扫描仪按不同的标准可以分成不同的类型。按照扫描原理，可以将扫描仪划分为平板式扫描仪、手持式扫描仪和____________。

11. 信噪比是一个数码摄像机的主要性能指标，是视频信号电平与噪声电平之比。信噪比越高，图像越干净，质量就越高，通常在____________ dB以上。

12. 灵敏度是反映摄像机光电转换性能高低的一个指标。目前，监控系统所用CCD摄像机的灵敏度用最低照度来衡量，照度越低，表明灵敏度越高，光电转换性能越好。目前一般彩色CCD摄像机的最低照度可以达到____________Lux。

13. 刻录机规格是指刻录机的类型，可写式的光存储分为CD刻录机和____________刻录机两种。

14. 多媒体技术在教育领域方面的应用主要体现在计算机辅助教学、计算机辅助学习、计算机化教学、计算机化学习、计算机辅助训练以及计算机管理教学。其中“计算机辅助训练”的英文缩写是____________。

15. 多媒体技术在教育领域方面的应用主要体现在计算机辅助教学、计算机辅助学习、计算机化教学、计算机化学习、计算机辅助训练以及计算机管理教学。其中“计算机辅助学习”的英文缩写是____________。

16. 交互式网络电视是一种利用宽带互联网、多媒体、通信等多种技术于一体，向家庭用户提供包括数字电视在内的多种交互式服务的崭新技术，交互式网络电视的英文缩写是____________。

17. 数字电视是指从演播室电视节目的采集、制作、编辑到信号的发射、传输、接收的所有环节，都使用数字信号或对该系统所有的信号传播都通过____________来传播的电视。

18. 视频点播是计算机技术、网络技术、多媒体技术发展的产物，是一项全新的信息服务，视频点播技术的英文简称是____________。

19. 多媒体数据包含了文本、图形、图像、音频以及____________等多类媒体对象。

20. 在多媒体中，用于传播信息的电缆、电磁波等则称为“____________”。

21. 视频采集卡按照其用途可分为____________视频采集卡、专业级视频采集卡和民用级视频采集卡。

22. 数据压缩时，压缩掉的是____________数据。

23. 数据可以进行压缩是因为数据中存在____________数据。

24. JPEG是一种图像的____________压缩格式。

25. 评价多媒体数据压缩的技术优劣有压缩比率、____________、压缩与解压缩的速度。

26. 在模数转换的过程中，每秒钟采样的次数称为____________。

27. 预测编码是____________压缩编码，主要对数据冗余进行压缩。

28. 有一字符串“CCCCWWWaaaaaaPPPCCC”，用行程编码可以表示为____________。

29. 数据压缩时，冗余数据压缩是完全可逆的，则称为____________压缩。

30. 在对图像数据压缩时，预测编码可分为帧内预测和____________两种压缩方法。

31. 媒体输入/输出技术中，____________是指改变媒体的表现形式，如当前广泛使用的视频卡、音频卡都属于这类技术。

32. 触摸屏是根据触摸屏上的位置来识别并完成操作的。这属于媒体输入/输出技术中的____________技术。

33. 语音合成器可以把语音的内部数据表示综合为声音输入。这属于媒体输入/输出技术中的__________技术。

34. __________简称RAID，它属于超大容量的外存储器子系统，是由许多台磁盘机或光盘机按一定规则来备份数据、提供系统性能的。

35. __________协议是端对端基于组播的应用层协议。

36. __________协议是针对IP网络传输层不能保证服务质量和支持多点传输而提出的协议。

37. __________协议是用来访问并流式接收Windows Media服务器中．ASF文件的一种协议。

38. 多媒体数据一般有__________和__________两类。

39. 多媒体数据系统的层次结构与传统的关系数据库基本一致，同样具有__________、概念层和表现层。

40. 多媒体数据系统的组织结构一般可以分为3种，即集中型、__________和协作型。

41. 流媒体在因特网上的传输必然涉及到__________协议。

42. RTP/RTCP是端对端基于组播的__________协议。

43. __________是下一代IP协议，将用于替代现在使用的IP协议IPv4。

44. 视频点播（VOD）系统中，对用户账户进行管理，记录用户使用视频资源的时间、次数，并且计算相应的费用的设备是__________。

45. __________是多媒体系统的重要组成部分，它实现多媒体信息在通信网络中的传输和交换。

46. 多媒体会议系统的网络环境从总体上分成基于__________交换的网络环境和基于分组交换的网络环境两种。

47. 接入网的__________化和IP化将成为今后接入网发展的主要技术趋势。

48. VOD系统中用户控制视频服务器的典型设备是__________。

49. 为了获得满足目标的多媒体应用系统，多媒体软件过程不仅涉及工程开发，而且还涉及工程支持和工程管理，通常采用软件能力成熟度模型进行项目管理和自我评估。其中，软件能力成熟度模型的英文简称为__________。

50. __________打印是一种快速成型技术，它是一种以数字模型文件为基础，运用粉末状金属或塑料等可粘合材料，通过逐层打印的方式来构造物体的技术。

51. __________是超文本和多媒体在信息浏览环境下的结合，是对超文本的扩展，除了具有超文本的全部功能，还能够处理多媒体和流媒体信息。

52. __________是由CompuServe公司开发的无损压缩图像文件格式，只支持8位色彩（256色），适合网络传输，支持透明背景，还可以将多张图像保存在同一个文件中，按照一定的时间间隔进行逐个显示，形成动画效果。

53. __________图是用一系列计算机指令来绘制的一幅图。这些指令描述了图形中所包含的点、直线、曲线等元素的形状、大小、位置及颜色等信息。

54. __________智能终端，如智能手机、车载智能终端和可穿戴设备等，拥有接入互联网的能力，通常搭载操作系统，可以根据用户的需求定制各种功能。

55．4K电视是屏幕物理分辨率达到4 096×2 160像素的电视机产品，它能接收、解码、显示相应分辨率的视频信号，4K电视的分辨率是2K电视的____________倍。

56．MPEG-2压缩原理利用了视频图像中的____________相关性和时间相关性。

57．超文本抽象机模型（HAM）将超文本系统划分为3个层次，即用户接口层、超文本抽象机层和____________层。

58．对于PCM编码，如果采用相等的量化间隔处理采样得到的信号值，称为________量化或线性量化。

59．多媒体的基本特性包括信息载体的____________性、交互性、集成性和实时性。

60．多媒体会议系统涉及的信息分为音频、____________、数据和控制信息。

61．多媒体会议终端是由编码器、____________、视频输入输出设备、音频输入输出设备和网络接口组成的。

62．多媒体是融合了文字、图形、图像、____________、动画和视频等多种媒体而形成的存储、传播和表现信息的载体。

63．多媒体数据压缩的评价标准包括____________、压缩质量、压缩与解压缩速度3个方面。

64．高清电视（HDTV）、3D电视（3DTV）迅速发展，超高清电视（UHDTV）成为广播电视领域的下一个发展方向。UHDTV相对于HDTV来说，能够为观众提供更佳的视觉体验、更好的临场感，按照ITU-R相关标准的规定，UHDTV可支持4K（3 840×2 160）与____________K（7 680×4 320）两种图像尺寸，这也是UHDTV与HDTV最大的区别。

65．根据奈奎斯特理论，如果一个模拟音频信号中的最高频率为f，则数字化过程中音频采样频率不应低于____________。

66．霍夫曼（Huffman）编码方法根据消息出现的____________分布特性，在消息和码字之间找到确切的对应关系，以实现数据压缩。

67．霍夫曼编码采用码字长度可变的编码方式，基于符号出现的不同____________，使用不同的编码位数。

68．媒体可分为感觉媒体、表示媒体、显示媒体、存储媒体、____________媒体和信息交换媒体6种类型。

69．媒体一般可以分为感觉媒体、表示媒体、存储媒体、显示媒体和传输媒体。3D视频属于____________媒体。

70．声音是振动的波，是随时间连续变化的物理量。自然界的声音信号是连续的____________信号。

71．频率是声音信号的重要参数，是指信号每秒钟变化的次数。人们把频率低于20 Hz的声音称为____________信号；把频率高于20 000 Hz的声音称为____________信号。

72．声音分为____________和复音两种类型。

73．用声音输出结果，赋予计算机“讲话”的能力，这属于____________技术。

74．使计算机具有“听懂”语音的能力，属于____________技术。

75．语音合成可分为3个层次，分别是____________的合成、____________的合成、____________的合成。

76．文语转换系统是语音合成的第一个层次，是将文字内容转换为语音输出的语音合成系统。其输入的通常是____________。

77．语音识别技术是让计算机通过识别和理解过程把____________转变为相应的文本或命令的技术。

78．在语音设别技术中，____________技术是完成在丰富的语音信号中提取出对语音识别有用的信息，通过对语音信号进行分析处理，去除对语音识别无关紧要的冗余信息，获得影响语音识别的重要信息。

79．描述模拟声音的3个物理量中，____________决定了音调的高低。

80．区别于纯音，____________是具有不同频率和不同振幅的混合声音，是影响声音特色的主要因素。

81．影响数字音频信号质量的主要技术指标包括采样频率、采样____________、声道数和编码算法。

82．点阵图也称位图，它与____________有关，将点阵图放大或缩小图像会失真。

83．位图模式又称____________，用黑白两种颜色表示图像中的像素。

84．数字图像处理就是将图像信号转换成数字信号并利用计算机对其进行处理，它不仅能完成线性运算，而且能实现____________。

85．扫描仪、摄像机等设备，将模拟图像信号变成____________图像数据。

86．在计算机中，____________是构成图像的最小的单元。

87．图像获取是计算机处理图像的重要过程，大致分为图像采样、图像分色和____________3个步骤。

88．数字图像处理也被称为计算机图像处理，它是指将图像信号转换成____________并利用计算机对其进行处理的过程。

89．数字图像处理技术具有的特点是：再现性好、处理精度高、灵活性高、信息____________的潜力大。

90．与设备无关的颜色模式是____________颜色模式。

91．由于人眼有____________的生理特点，在观看电影、电视或动画片时，我们看到的画面是连续的。

92．动画中的活动形象，要以客观事物的____________规律为基础，但不是简单的模拟。

93．按照不同的视觉效果，可将计算机动画分为二维动画和____________。

94．模拟电视信号的扫描采用隔行扫描和____________。

95．YUV色差模型中，Y表示____________信号，U、V分别表示色差信号R-Y和B-Y。亮度

96．我国普遍采用的视频格式是____________。

97．在视频中，____________是视频图像的最小单位，一帧表示扫描获得一幅完整图像的模拟信号。

98．在视频中，每秒钟连续播放的帧数称为帧率，单位是____________。

99．在视频中，典型的帧率是24帧/秒、____________帧/秒和30帧/秒，这样，的视频图像看起来才能达到顺畅和连续的效果。

100．录音输入的3种方式为____________、____________和____________。

101．采用线路输入方式录音时其电信号值应该是____________左右。

102．摄影中要注意的3个方面问题是____________、____________和____________。

103．视频拍摄中常用的景别有____________、____________、____________、____________和____________。

104．在进行视频彩色拍摄时，最佳照度一般为____________，其光圈指数可在____________之间。

105．在Audition的多轨编辑模式中，可以对音频进行____________，从而改变声音输出时的波形幅度。

106．在Audition中，执行“编辑”|“插入到多轨区”命令可以将在单轨编辑模式中编辑完成的音频文件插入到多轨编辑模式中。默认情况下该音频文件被插入到多轨编辑模____________式____________位置处。

107．在Audition中，执行____________命令可以将录音过程中的环境噪音消除。

108．Audition的工作界面包括多轨编辑模式、单轨编辑模式和____________编辑模式。

109．在Photoshop中，可以将图像存储为多种格式。其中____________格式是Photoshop的专用格式。

110．在Photoshop中，时间轴面板用于创建____________和____________两种动画效果。

111．在Photoshop中，使用矩形选框工具，按住____________键的同时拖动鼠标将创建一个正方形选区。

112．在Photoshop中，按【Alt+Delete】组合键，则为当前选区填充____________色。

113．在Photoshop中，蒙版包括快速蒙版、____________、剪贴蒙版和矢量蒙版。

114．在Photoshop中，路径由一个或多个直线段或曲线段组成，____________、方向线和方向点是路径的构成要素。

115．在Photoshop中，在使用多边套索工具创建多边形选区时，按住____________键拖动鼠标可得到水平、垂直或45度方向的选择线。

116．在Photoshop中，在删除选区时，想使删除后的图像边缘过渡柔和，在删除图像前应对选区执行____________命令。

117．在Photoshop中，在“图像大小”对话框中，要等比缩放图像大小，应选择____________选项。

118．在Photoshop中，当要运用“滤镜”菜单命令对文字图层中的文字进行操作时，要使用____________命令先将文字图层转化为普通图层。

119. 在Photoshop中，使用“阈值”命令可以将图像变为____________。

120. 在Photoshop图像处理软件中，输入文字“多颜色文字”后，若想实现填充渐变色的文字效果，首先需要对文字图层进行____________处理，然后再载入文字选区，使用渐变工具进行填充。

121. 在Photoshop图像处理软件中，通道主要用于存放图像的颜色和____________信息。

122. 在Photoshop中打开一副CMYK图像文件会自动建立____________个单色通道和一个复合通道。

123. Photoshop的套索工具组包含套索工具、____________套索工具和磁性套索工具。

124. 在Animate中，使用____________工具可以在舞台中创建文本。

125. 在Animate中，打开____________面板可以看到导入的素材和创建的元件。

126. 在Animate中，使用____________工具可以为图形添加边框线。

127. 在Animate中，为了撤销操作，可以打开____________面板，将面板中的滑块向上拖动，回到以前的操作步骤。

128. 在Animate中，制作骨骼动画时，首先要使用____________工具为对象添加骨骼。

129. 在Animate中，使用____________面板为帧或其他对象添加脚本语言。

130. 在Animate中，时间轴的主要组件是____________、帧和播放头。

131. 在Animate中，通过设置帧频可以设置动画的____________速度。

132. 在Animate中，将作品导出为Animate影片时，新创建的文件的扩展名为________。

133. 在Animate的绘图工具中，使用____________工具，可以为对象的封闭区域添加颜色。

134. 在Animate中，元件存放在____________中。

135. 在Animate时间轴选中某一帧，按键盘上的____________功能键可以插入关键帧。

136. 在Animate中，____________关键帧对应的舞台内容是空白的，主要用于结束前一个关键帧的内容，在时间轴上以带有空心圆的帧表示。

137. 在Premiere中，预览时间线面板效果的快捷键是____________。

138. 在Premiere中，保存的项目文件扩展名是____________。

139. 在Premiere中，一段长度为10 s的视频片段，如果改变其速度为200%，那么其长度变为____________ s。

140. 在Premiere中，剃刀工具的快捷键是____________。

四、简答题

1. 什么是媒体？简述媒体的6种类型。

2. 什么是多媒体？什么是多媒体技术？多媒体技术所涉及的两种形式是什么？

3. 简述多媒体技术的基本特性。

4. 简述多媒体计算机系统的层次结构。

5. 简述多媒体计算机的软硬件基础。

6. 主要的新媒体包括哪些？
7. 对多媒体信息进行数据压缩的理论基础是什么？
8. 冗余数据一般包含哪几个部分？
9. 为什么视频数据一般采用有损压缩？
10. 把模拟信号转换为数字信号一般要经过哪几个步骤？
11. 冗余数据一般有哪几种？
12. 多媒体传输协议有哪些？各有什么特点？
13. 简述IPV6协议的优势。
14. 服务质量QoS的关键指标是什么？
15. 简述多媒体通信系统中，主要部件的功能。
16. 什么是流技术？
17. 多媒体数据对数据库的影响有哪几个方面？
18. 多媒体数据库系统有那些功能？
19. 构造多媒体数据库的方法有哪两类？
20. 关系数据库模型的扩充技术主要有哪些？
21. 多媒体数据库系统的组织结构有哪几种？
22. 简述基于软件生存周期的多媒体软件开发过程。
23. 简述将模拟信号数字化的步骤及相关原理。
24. 简述影响数字音频信号质量的主要技术指标。
25. 5分钟双声道、16位采样位数、44.1 kHz采样频率声音的不压缩数据量是多少？
26. 什么是语音合成技术？常用的语音合成技术方法有哪些？语音合成技术的特点有哪些？
27. 什么是语音识别技术？简述语音识别系统的分类和关键技术。
28. 什么是显示分辨率？
29. 色彩模式有哪些？
30. Lab模式的特点是什么？
31. 数字图像处理主要研究哪些内容？
32. 数字图像处理技术主要有哪些优点？
33. 产生动画的原理是什么？
34. 在制作动画的时候，夸张能否随心所欲？
35. 计算机动画的特点是什么？
36. 动画制作技术有哪些？
37. 简述目前全世界有几种常见的彩色电视制式及主要参数。
38. 简述模拟视频的数字化过程。
39. 如何解决数字视频信号数据量大的问题？
40. 简述视频数字图像的特点。

41．视频数字化有何优点？

42．自然光中光质主要受什么因素的影响？举例说明光质对所摄对象的影响。

43．简述图像画面构图的一般规律。

44．简述IEEE 1394视频采集卡的主要特点。

45．简述拍摄视频运动画面和场景的技巧。

46．简述视频画面的基本构图技巧。

47．什么是选区？Photoshop中选区有什么优点？

48．Photoshop中修复工具和图章工具异同点是什么？

49．在Photoshop中，图层分为哪几种？其主要作用是什么？

50．在Photoshop中，通道与图层有哪些联系与区别？

51．在Photoshop中，滤镜的作用是什么？是否任何图像格式都可以使用滤镜来处理？

52．不管是传统动画还是计算机动画，制作时，都应遵循哪些规律？

53．计算机动画有哪些特点？

54．如何创建Animate补间动作动画？

55．简述在Animate中使用时间轴特效能产生哪些动画。

56．分析Animate中不同类型帧的特点及作用。

57．Animate中遮罩层的特点是什么？

58．Animate中如何让对象沿着指定的路径移动？

59．什么是关键帧？在Premiere中，如何添加关键帧？

60．在Premiere中，如何为素材设置运动路径？

61．如何在Premiere中创建字幕？如何创建滚动字幕？

62．Premiere中如何实现画面的淡入淡出？声音的淡入淡出又如何实现？

扫码见答案

单选题

扫码见答案

多选题

扫码见答案

填空题